趣奇生物研究所

了不起的植物

[日]稻垣荣洋 编
[日]蟹面麻 绘
冯宇轩 译

CNS K 湖南科学技术出版社·长沙

图书在版编目（CIP）数据

了不起的植物 / (日) 稻垣荣洋编；冯宇轩译 . -- 长沙：湖南科学技术出版社，2025. 3.
(趣奇生物研究所). -- ISBN 978-7-5710-3227-2

Ⅰ. Q948.51-64

中国国家版本馆 CIP 数据核字第 2024GR1204 号

LIAOBUQI DE ZHIWU

了不起的植物

编　　者：[日] 稻垣荣洋
绘　　者：[日] 蟹面麻
译　　者：冯宇轩
出 版 人：潘晓山
责任编辑：李　霞　杨　旻
责任美编：刘　谊
出版发行：湖南科学技术出版社
社　　址：长沙市芙蓉中路一段 416 号
　　　　　泊富国际金融中心
网　　址：http://www.hnstp.com
湖南科学技术出版社天猫旗舰店网址：
　　　　　http://hnkjcbs.tmall.com
邮购联系：本社直销科 0731-84375808

印　　刷：长沙玛雅印务有限公司
（印装质量问题请直接与本厂联系）
厂　　址：长沙市雨花区环保中路 188 号
　　　　　国际企业中心 1 栋 C 座 204
邮　　编：410000
版　　次：2025 年 3 月第 1 版
印　　次：2025 年 3 月第 1 次印刷
开　　本：880 mm × 1230 mm　1/32
印　　张：5
字　　数：117 千字
书　　号：ISBN 978-7-5710-3227-2
定　　价：58.00 元

植物真了不起!

“植物不会移动，看起来也有点平平无奇！”很多人可能会有这种刻板印象，然而世界上存在着许多拥有惊人能力的植物。让我们先简单看看书中的一小部分植物吧！

从光和土壤里汲取营养。

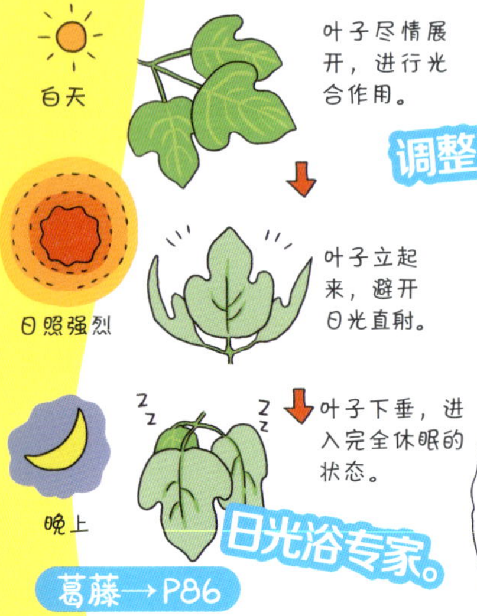
白天
叶子尽情展开，进行光合作用。
日照强烈
叶子立起来，避开日光直射。
晚上
叶子下垂，进入完全休眠的状态。
日光浴专家。
葛藤→P86

调整到进行光合作用的最佳状态。
呼呼，就像计算好的一样……
双叶细辛→P20

竟然吃动物？！

连老鼠都能被一口吞掉！
咕噜！
咕噜！
马来王猪笼草→ P74

猎物被吸入吃掉。
哎呀！
狸藻→ P72

虽然经常看到，却不太了解？

虽然我们外出时总能看到各种植物，但是植物究竟是什么，你认真思考过吗？即使它们就在身旁，还是觉得有很多神秘之处。

对人类和动物而言，植物拥有完全相反的生存状态。它们最明显的不同之处是“不能动”，因此，适应环境对它们来说很重要。它们会通过改变颜色与外观，有时还会利用昆虫和其他动物在地球的各个场所居住下去。

砰
在地下最长可以休眠七年。
世界第一高的花。
巨魔芋→P28
世界第一高的树。
总而言之，就是很大！
这是幻觉！
世界最大的花。
北美红杉→P114
大王花→P30

特别显眼！

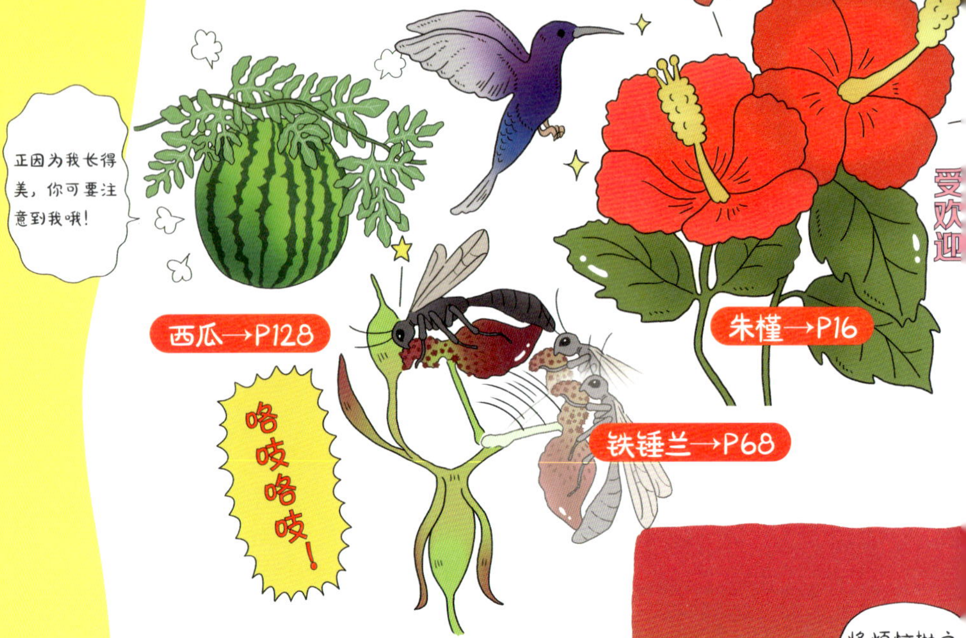

在任何地方都能生长。

非常聪明！
动起来！
行走棕榈树→P84
万无一失的防护措施
模拟形态！
不行了！这毒性太强了！
西番莲→P136
哎呀，已经在里面产卵啦。
在空中飞翔。
咻！
是制造飞机时参考的原型哦！
翅葫芦→P54
长生不死！
狐尾松→P112

好刺鼻啊！
好臭啊！
但是它也有
让人喜欢的
地方。
好臭啊！
扑鼻而来
实在受不了
这种臭味。
鸡屎藤→P26
开朗
活泼
剧毒！
乌头→P122
小白兔狸藻→P62

世界上有成千上万种植物，为了适应环境，它们靠必要的技能来武装自己。有些植物拥有令人难以想象的奇特生态！让我们一起看看这个了不起的植物世界吧！

一起来看看了不起的植物们！

目录

第 3 章　相当有趣的植物 ……………………… 91

本书的阅读方法

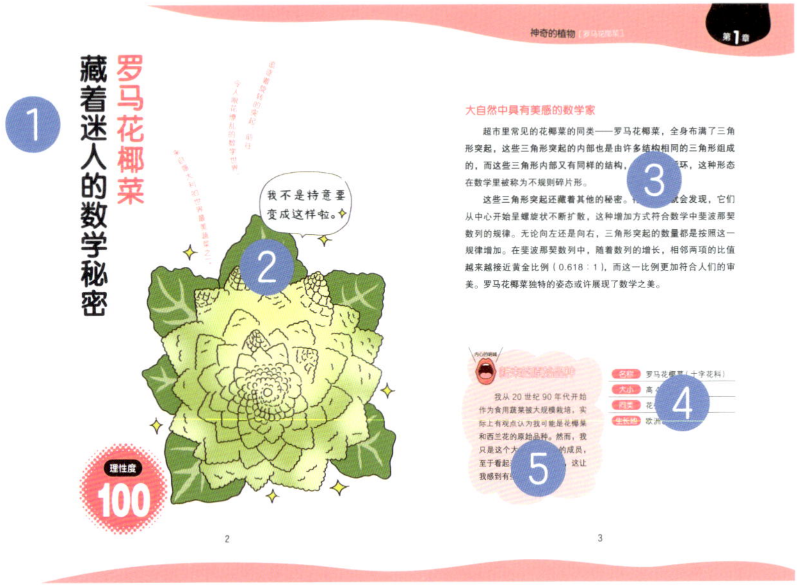

1 表示植物名字和特征的标题。

2 植物插图。为了便于解释说明，有一些部位被放大描绘。

3 植物的说明。解说植物的特征等详细情况。

4 植物的信息。介绍植物的名称、大小、同类等。

5 植物的“心声”。假如植物能够开口讲话，它们会想说什么呢？这部分从独特的视角呈现植物的内心世界。

第1章 神奇的植物

一眨眼的工夫

大扩散！

罗马花椰菜
藏着迷人的数学秘密

追逐着旋转的突起，前往令人眼花缭乱的数学世界。

来自意大利的世界最美蔬菜之一。

我不是特意要变成这样啦。

理性度

100

大自然中具有美感的数学家

超市里常见的花椰菜的同类——罗马花椰菜，全身布满了三角形突起，这些三角形突起的内部也是由许多结构相同的三角形组成的，而这些三角形内部又有同样的结构，如此无限循环，这种形态在数学里被称为不规则碎片形。

这些三角形突起还藏着其他的秘密。仔细观察就会发现，它们从中心开始呈螺旋状不断扩散，这种增加方式符合数学中斐波那契数列的规律。无论向左还是向右，三角形突起的数量都是按照这一规律增加。在斐波那契数列中，随着数列的增长，相邻两项的比值越来越接近黄金比例（0.618：1），而这一比例更加符合人们的审美。罗马花椰菜独特的姿态或许展现了数学之美。

内心的呐喊

新来的原始品种

我从 20 世纪 90 年代开始作为食用蔬菜被大规模栽培，实际上有观点认为我可能是花椰菜和西兰花的原始品种。然而，我只是这个大家族新加入的成员，至于看起来像古老的祖先，这让我感到有些抱歉。

名称	罗马花椰菜（十字花科）
大小	高 40～50 厘米
同类	花椰菜、卷心菜等
生长地	欧洲、亚洲等

曼德拉草被拔起时不会发出悲鸣声

在德语中的意思为『女性精灵』。
在古埃及的壁画中出现过。

身份不明度

80

渊源可追溯，但缺乏详细信息的神秘植物

提到“曼陀罗”或“曼德拉草”，你首先会想到什么呢？许多人可能会想到怪物，或者想到它们被用作“魔法”药材时，其人形根

名称	曼德拉草（茄科）
大小	根部最长约 45 厘米
同类	番茄、青椒等
生长地	地中海周边至中国西部地区

内心的呐喊

“爱情灵药”

我曾被称为“爱情之果”，这美好的名字让我备受欢迎，在古埃及我被人们视为“爱情灵药”。然而，如今我却成了“致命的神秘植物”。尽管中世纪的巫师和魔法师曾守护我，但这个谣言却对我的声誉造成了严重损害。

部会发出的奇妙声音。实际上，曼德拉草是一种真实存在的茄科植物。曼德拉草的雄株在春天会开紫褐色的花，而雌株则开淡紫色的花。尽管曼德拉草被认为具有毒性，但自古以来一直被用作止痛药等。关于曼德拉草的传说有很多，但关于它是一种植物的信息并不多，这主要是因为曼德拉草栽培非常困难。另外，关于曼德拉草最有名的传说之一是“拔起曼德拉草时它会发出惨叫声，听到这声音的人会死去”。据说这是过去为了防止女巫过度取用稀缺的曼德拉草而散布的谣言。

半夏可以捕捉和释放苍蝇

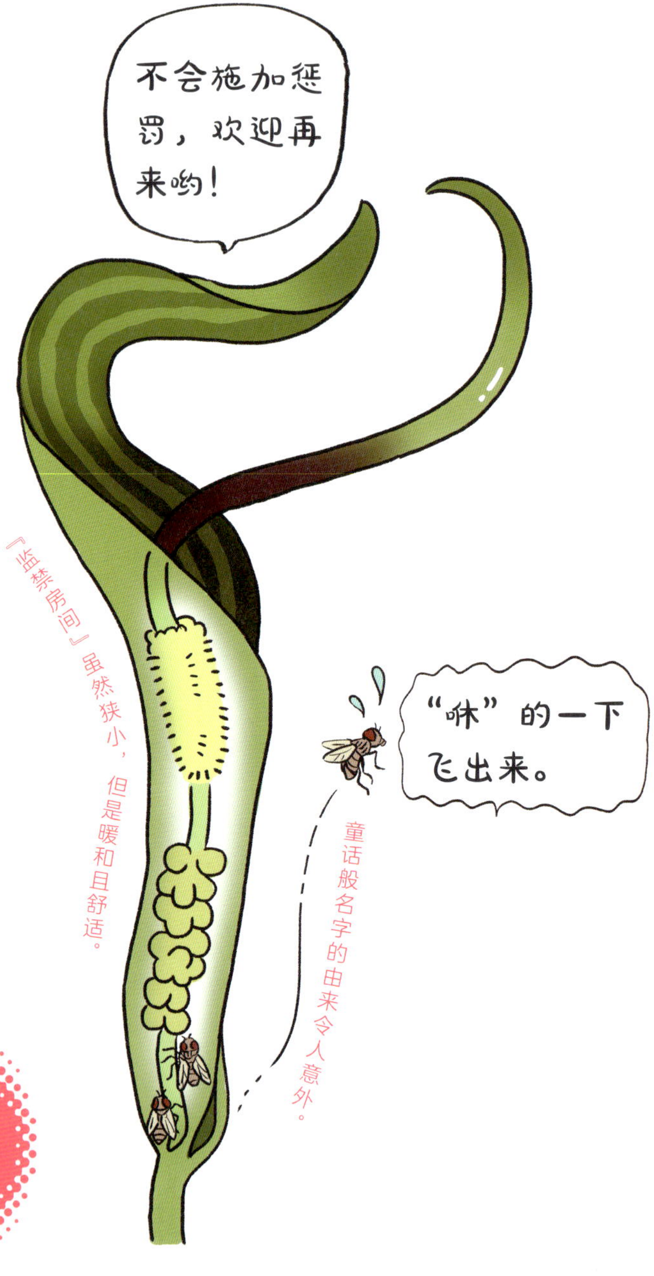

不会施加惩罚，欢迎再来哟！
“咻”的一下飞出来。
『监禁房间』虽然狭小，但是暖和且舒适。
童话般名字的由来令人意外。

智慧度

70

是花聪明还是苍蝇太笨

半夏在日本被称为“乌柄杓”，这个名字的意思是“有点像乌鸦使用的小勺子”，因为它长着带“手柄”的长筒状“花”（实际是叶子变态而形成的苞片）。每朵“花”内，还会开出更小的雄花和雌花（这才是真正的花）。在内部开花可能听起来有些奇怪，但这就是半夏的策略。另外，半夏会通过散发腐肉气味吸引苍蝇进入长筒状的“花”中，一旦苍蝇进入，就难以出去。“花”的入口处长有刚毛，使得苍蝇无法从原路离开。在苍蝇疯狂挣扎、深陷绝境之际（实际上这时候只有雄花开放），雌花数日后开放，并在“花”内形成缝隙。此时，苍蝇终于等到机会带着满身花粉逃出。不过之后苍蝇还可能再次被引诱进半夏的长筒状“花”内。

内心的呐喊

顾客的安全第一

虽然听起来有点像坏人的说辞，但只是在温度适宜的“房间”里逗留几天而已。毕竟我们还需要苍蝇帮忙把花粉传播到其他花朵上，这也是理所当然的吧？相比细齿南星会做的事情，这可好多了！

名称	半夏（天南星科）
大小	花茎长 20～40 厘米；小型叶长 5～11 厘米
同类	细齿南星、堪察加沼芋等
生长地	中国、日本、朝鲜半岛

细齿南星雌株
对苍蝇很残忍

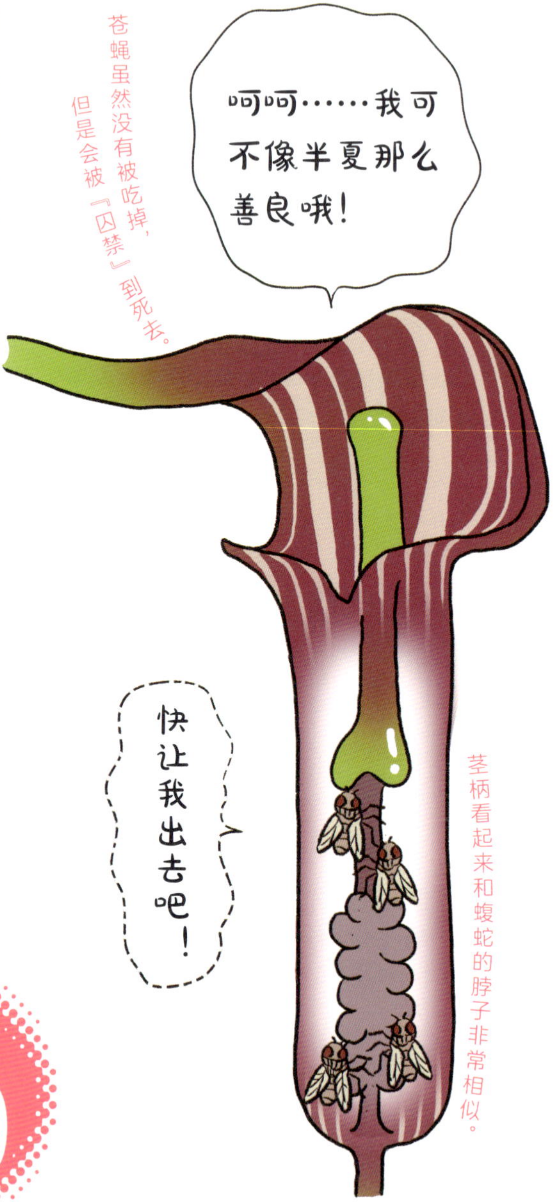
苍蝇虽然没有被吃掉，
但是会被『囚禁』到死去。
呵呵……我可不像半夏那么善良哦！
快让我出去吧！
茎柄看起来和蝮蛇的脖子非常相似。

残忍度
100

苍蝇能从雄株中出来，在雌株里却出不去

同属天南星科的细齿南星有着与半夏类似的特征。它的“花”（苞片）稍大一些，苞片管部看起来像蝮蛇镰刀形的脖子。尽管有相似之处，但细齿南星比半夏更残忍。细齿南星有雄株和雌株，同一朵花中无法产生种子。雄株和雌株都能散发腐肉气味，吸引苍蝇前来。在雄株的苞片管部下方有间隙，从上方进来的苍蝇可以直接飞走而不被困住。而雌株的苞片管部下方没有间隙，在雄株上沾满花粉的苍蝇进入雌株的苞片管部后，要从下方离开却找不到出口……苍蝇主要起到传播花粉的作用，可它们的遭遇真是令人同情。

名称	细齿南星（天南星科）
大小	高 30 ~ 50 厘米
同类	半夏、魔芋等
生长地	日本的北海道至九州地区

内心的呐喊

我也是有名字的

我们天南星科植物的花，因为花苞形似寺庙内供奉佛像的烛台，而被赐予了这个令人感激的名字——佛焰苞。

苞片形状与佛像后的“背光”非常相似。

紫云英是蜜蜂专用的饮料架

我家的蜜专供蜜蜂食用！
打扰了！
咕咚！
以前作为稻田的肥料，在休耕的田地里成群生长。

独享度

80

名称	紫云英（豆科）
大小	高 10～25 厘米
同类	蚕豆、救荒野豌豆等
生长地	中国、日本

内心的呐喊

全盛时代已经远去

过去，农民会在稻谷收割后的田里播撒紫云英种子。到了春天，田地变成一片紫云英花海，到处都是美丽的花……

紫云英花海无论在哪里都能看到，成了一种原生态风景。

只有蜜蜂才能打开这里。❤

蜜蜂能让紧闭的花朵打开

在紫云英笔直伸长的茎的顶端，开放着像灯笼一样的圆形花朵，这实际上是由 7～10 朵小花组成的聚合体。每朵花都朝外生长，花瓣共有 5 片。仅凭外观很难确定雄蕊和雌蕊的位置，也无法确定花中是否有蜜，紫云英花朵有意将它们隐藏起来。

紫云英还有一个特性，只向蜜蜂提供花蜜。蜜蜂会飞向紫云英花朵，在像船一样的花瓣底部停留。由于蜜蜂具有一定重量，底部花瓣会下垂，雄蕊和雌蕊便从花瓣中弹出。这样，蜜蜂的身体会沾上花粉，然后将花粉传播给其他花朵。紫云英完全是专属于蜜蜂的植物。

雪兔子是极寒地带的治愈系精灵

『穿』着蓬松『毛衣』的外形，你不感兴趣吗？

蓬松度

100

雪融化后才会出现，长得像雪球一样

在寒冷的地方，动物会积存厚厚的脂肪和毛皮，而人类也不输给会保暖的植物。雪兔子是生活在夏天也会下雪的喜马拉雅高地的植

名称	雪兔子（菊科）
大小	高 10～20 厘米
同类	蒲公英、波斯菊等
生长地	喜马拉雅山脉

在夏天穿上毛衣！
毛衣
不·小·心·穿上了！

内心的呐喊

被刺到也不疼

我的叶子看起来长满了刺，容易被误认为是蓟，这让我有点意外。虽然我们同属于菊科，蓟的花也像棉花一样，看起来确实有点相似。但是，我的叶子并不像蓟花那样硬，就算被刺到也不会觉得疼。请放心地触摸我哦。

物。为了保护自己免受寒冷侵袭，它的叶子上会长出棉花般的茸毛，形成蓬松可爱的外表。茸毛内部的温度比外部高 10℃～15℃，是小昆虫们十分喜爱的生存环境。雪兔子的茸毛上端有小小的孔，可以吸引昆虫进入，它们会帮助运送花朵内部的花粉。雪兔子只在冰雪融化的夏天中一段很短的时间内开花，长出像雪一样洁白的茸毛。在夏天穿毛衣听起来很奇怪，或许正因为是没有雪的季节，反而更加显眼吧。

塔黄是高地上的『日光房』

要不要暖和一下？
薄薄的
根据的叶子变成金黄色。
戴着淡黄色面罩的苍蝇们的社交场所。

优雅度

92

名称	塔黄（蓼科）
大小	高 1～2 米
同类	荞麦、水蓼等
生长地	喜马拉雅山脉

内心的呐喊

美丽高贵的大黄

虽然也被称为“高贵的大黄”，但我更喜欢“*Rheum nobile*”这个名字，它的意思是“光彩夺目”。这个名字就像身着华丽长裙的女士一样，非常贴切吧？

在极寒土地上耸立的迷人的“塔”

与之前介绍的雪兔子一样，塔黄也是一种多年生草本植物，生长在海拔 4000 米的喜马拉雅地区。塔黄被称为“温室植物”，种植规模很大。在花季来临时，它会变成一座高 1～2 米的塔，形成一个温室。塔黄被认为是喜马拉雅地区最大的植物。它的每一片叶子都有点像卷心菜菜叶。植株上部的白叶会变成半透明状，可以阻挡强烈的紫外线，同时吸收大量阳光，使植株内部温度比外部高 5℃～10℃。塔的内部有许多小花聚集开放，会吸引众多昆虫帮助传粉。在海拔较高且寒冷的地方，它凭借“温暖”而不是花的香味或颜色来吸引昆虫，从而成功实现传粉。

朱槿为了被鸟儿喜爱而变得漂亮

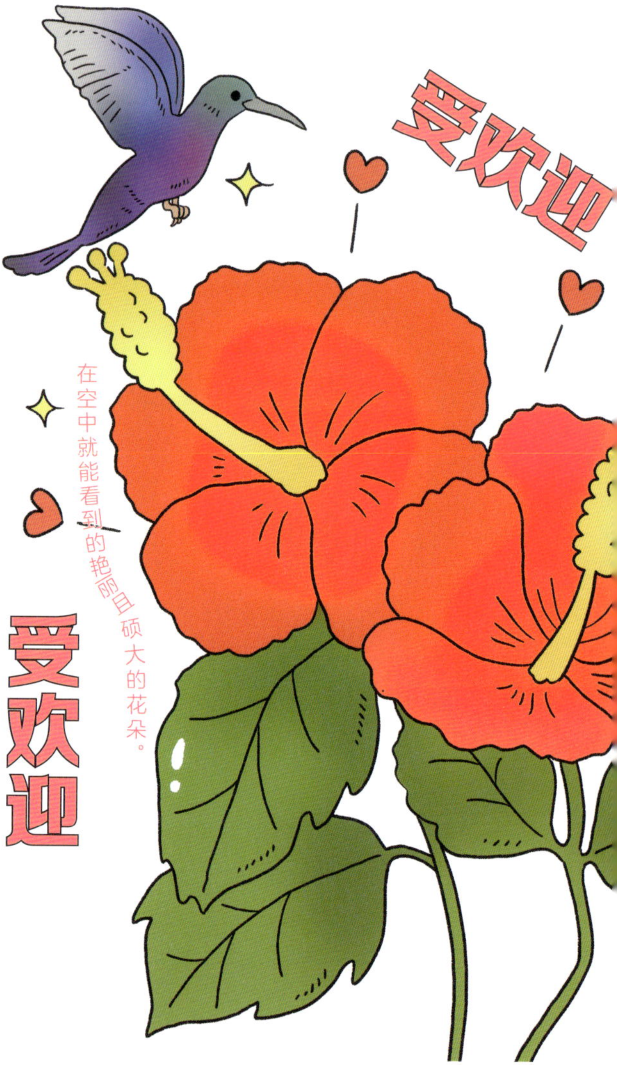
受欢迎
在空中就能看到的艳丽且硕大的花朵。
受欢迎

吸引度
100

名称	朱槿（锦葵科）
大小	高 35～150 厘米；冠幅 25～120 厘米
同类	木槿、木芙蓉等
生长地	夏威夷岛、南半球的岛屿

内心的呐喊

个子高也是特点

虽然从图片上看起来像是适合室内种植的植物，但实际上木槿属植物个头很高。

不长大的话没法吸引别人的注意呢！

有些冬季开放的花朵，可能因为鸟传粉而变得颜色鲜艳。

受欢迎

为了吸引鸟儿的注意，努力提升外在形象

朱槿的花瓣通常是深红色或深黄色，花朵很大。与其他地区的花相比，它的雄蕊和雌蕊通常较长，而且很多会延伸到花外。常年炎热的环境是这些鲜艳花朵的乐园。朱槿确实长得很漂亮，当然也是有原因的。

朱瑾等颜色鲜艳的花通常由鸟儿而非昆虫传粉。这些吸引鸟儿的花色彩鲜艳、结构稳定，即便鸟儿在上面停留也不容易受损。花冠以红色和黄色居多，这与鸟儿食用的果实颜色相似。它们的花蜜量较多，但味道淡，香气也较淡。此外，也有在冬季开放、吸引少量昆虫的花，如山茶花等。

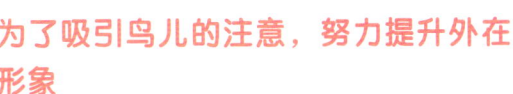

孔雀秋海棠会发暗蓝色的光

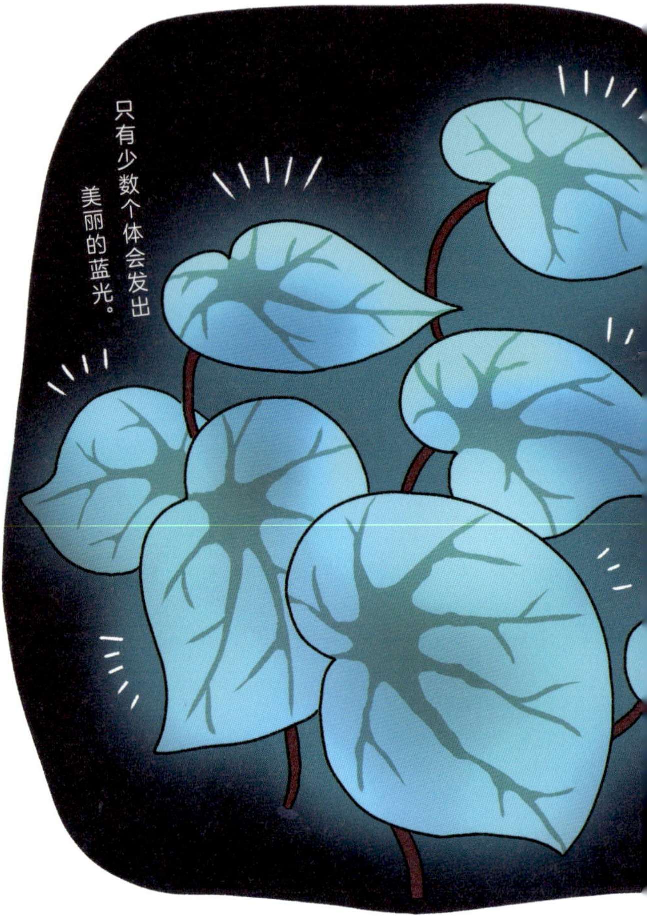
只有少数个体会发出美丽的蓝光。

通过生存策略获得特殊叶绿体

发光度 92

秋海棠种类繁多，仅原生种就有 900 多种，杂交种超过一万种，并且仍在不断产生新品种。秋海棠易于栽培且叶片美丽，是备受欢迎的观赏植物。在秋海棠中，特别接近原生种的孔雀秋海棠拥有令人惊叹的特点——叶片会发出蓝色的光芒。

名称	孔雀秋海棠（秋海棠科）
大小	高 20～60 厘米
同类	秋海棠等
生长地	热带和亚热带地区

内心的呐喊

蓝色光芒是强者的证明

实际上，并不是所有的叶子都会发出光芒，这是经过训练获得的技能。如果在充足的阳光环境下栽培，我可以正常生长。但在暗处成长的我，闪耀着蓝色光芒，证明我是个充满顽强拼搏精神的家伙。

以极高的价格成交。
在艰难时刻闪耀发光！

孔雀秋海棠原产于热带雨林，通常生长在丛林地表附近。因为被其他植物遮挡，所以它难以接收到阳光。为了适应这样的环境，它进化出了一种特殊的叶绿体，以便捕捉较长波长、能够到达地面并包含大量红色和绿色的光线。而很少能够到达的蓝色光线则难以被吸收。我们发现的孔雀秋海棠上闪耀的蓝光，其实是叶片反射出来的吸收不了的蓝光。

双叶细辛的心形叶具有别致的美

不仅可爱迷人，还有无懈可击的结构。
在攀爬植物中较为常见。

实用度

95

考虑周密的合理性化身

日本德川家族的家徽“三叶葵”的植物原型双叶细辛及许多其他植物的叶子都呈心形。许多植物的叶子都长在茎干边缘或茎干上，但为什么有些植物的叶子会位于茎干的

名称	双叶细辛（马兜铃科）
大小	高 10～20 厘米，叶子直径 5～10 厘米
同类	杜衡、细辛等
生长地	中国、日本

内心的呐喊

我不是葵科植物

我的名字听起来很夸张，但我其实是一种草本植物，人们经常把德川家的家纹说成是“葵的家纹”，其实我不是葵科植物。我的花很粗糙、很朴素，不易混淆。

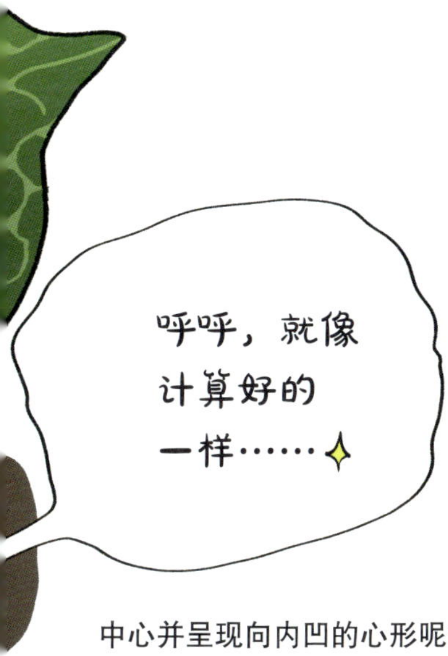

中心并呈现向内凹的心形呢？

对植物来说，叶子是进行光合作用和呼吸作用的重要部位。叶子越大，越能够有效地接收阳光。但是，如果叶子过大，它所承受的负担也会增加。因此，一些植物的叶子长在靠近植株中心的位置，或许是通过改变重心的位置，以更好地平衡和支撑大叶子的负担。此外，雨水等水分会沿着叶脉汇聚到茎干的基部，然后完整地传输到植物根部，这样，叶子位于中心的结构发挥了重要作用。

水葫芦是『价值百万』的杂草

一眨眼的工夫

大扩散！

百万吨级环境破坏者

迷惑度

100

名称	水葫芦（雨久花科）
大小	高 15～30 厘米
同类	雨久花、鸭舌草等
生长地	世界各地均有分布，原产地为南美洲

内心的呐喊

水族箱的最佳搭档

事实上，我在美丽的观赏鱼饲养领域非常受欢迎，人们常常说我是饲养观赏鱼的必备选择。鱼会在我的根部产卵，偶尔会把我当作它们躲避敌人的窝，我对于水族箱的水质净化也有好处。但是，我的繁殖能力强，有时候会生长过多，不少人可能会把我丢弃。我不希望自己被当作麻烦的存在。

外表与实际相反，是极度麻烦的存在

水葫芦是一种漂浮在水面上的水生植物，通常被放入含有鱼类如稻田鱼和金鱼的水体中。它的叶子根部有圆形的浮囊，与日本七福神之一布袋神的膨胀腹部相似，因此在日本也被称为“布袋葵”。其花与风信子非常相似，它也被称为“水中风信子”。虽然水葫芦给人华丽吉祥的印象，但实际上是一个相当令人头疼的存在。

水葫芦拥有强大的环境适应能力，只需一周时间，植株数量就可能翻倍，强大的繁殖能力使其能在很短的时间内布满河流。它是一种可怕的植物，其通过遮挡光线，导致水中生物死亡甚至堵塞水流的能力令人恐惧。这种威力使它被列入世界侵略性外来物种的前 100 名。它被称为“价值百万美元的杂草”，因为清除它需要耗费巨资。

马兜铃被当作毒药来使用

含有肾毒性、挥发性物质。
等一下！怎么家里都是有毒的植物呀！
这里可不是托儿所哦。

强大度 **100**

被单方面利用的毒性植物

正如其名，马兜铃的花的形状很像挂在马颈上的铃铛。马兜铃是含有马兜铃酸的有毒植物。人类误食马兜铃会中毒，动物一般不会吃它。它是植物界里极其强大的狠角

名称	马兜铃（马兜铃科）
大小	枝长2~3米；叶长3~9厘米，宽幅2~5厘米
同类	马蹄香、细辛等
生长地	中国、日本的本州以南

内心的呐喊

集中突破，有点过分

麝凤蝶的可怕之处在于它们真的只吃我们。由于我们数量较少，据说它们在抢食过程中甚至会自相残杀……为什么它们要这么执着于我们呢？因为我们的毒性是最强的？是的，确实没错。

请帮我训练一下我的孩子。
正因为很强大，所以容易被利用……

色，从不受任何侵害。

然而，马兜铃却有独一无二的天敌——麝凤蝶。麝凤蝶幼虫只吃马兜铃，这是一种罕见的生态现象。麝凤蝶幼虫吃了大量马兜铃后，体内会产生毒性，而且这种毒性直到它们死亡也不会消失。也就是说，它们吃得越多，毒性就越强，因此成为其他捕食者望而却步的存在。

值得一提的是，马兜铃由苍蝇传粉，所以麝凤蝶只是单方面利用马兜铃，不需要付出任何回报。

鸡屎藤连名字都带有浓烈的气味

好刺鼻啊！
第一眼看起来很像砂糖果子（日本冲绳特产）。
释放出强烈的味道。
实在受不了这种臭味。

表里不一度

80

具有广受全世界认可的恶臭味

鸡屎藤是一种藤本植物，与其他藤本植物不同的是，它会开出外表纯白、内部呈红紫色的可爱的螺旋形花。它属于茜草科植物，虽然没有尖锐的刺，但叶子上长

名称	鸡屎藤（茜草科）
大小	叶长 4～10 厘米，宽幅 1～7 厘米
同类	栀子、咖啡树等
生长地	亚洲东部地区

内心的呐喊

请记住我的新名字

你好，我想改名为“灸花”。请记住我的新名字。其实，也可以称呼我为“早乙女蔓”或“早乙女花”，都没关系。因为原本的名字实在太糟糕了，所以请有关部门为我改名字。

好臭啊！但是它也有让人喜欢的地方。
好臭啊！
它的干花很有人气哦。

有细小的毛，会结出许多圆形的浆果，类似野葡萄。

鸡屎藤最大的特点就是会散发令人惊讶的恶臭味。当它被撕裂或踩踏时，会散发出类似屁或粪便的臭味。在其他国家它也被称为“散发恶臭的蔓藤”或“散发鸡屎气味的植物”。鸡屎藤通过散发这种气味来保护自我。然而，强大的武器也会被他人利用。比如，鸡屎藤蚜就通过吃鸡屎藤来吸收恶臭成分，使自己也散发恶臭味。

巨魔芋从地面直接开出花朵

砰——
只开两天就会枯萎的世界上最高的花。
通过热量和气味散发强烈的吸引力。
在地下最长可以休眠七年。

冲击度
100

见叶不见花，见花不见叶

巨魔芋别称泰坦魔芋，仅仅花这一部分就可达到 3 米左右，它的花作为世界上最高的花被登记在吉尼斯世界纪录中。它开放后的花瓣状似座椅，而像蜡烛一样直立的部分被称为“附件”。一旦开花，附件会散发出腐肉般的气味，并散发出约 37℃的热量。

巨魔芋到底是如何生长的呢？实际上，它没有地上茎，会直接从地面长出花朵。它是天南星科植物的一种，花底下有块茎（地下茎）。在开花前，巨魔芋会长出类似叶子的结构，并积蓄营养一年以上。“叶子”枯萎后，植株以地下茎的状态休息，然后花朵会在两个月内绽放。开花前巨魔芋会花 2~7 年的时间准备，但花只持续开放两天，它为了展现魅力可是非常努力呢。

名称	巨魔芋（天南星科）
大小	高 2 ~ 3 米
同类	半夏、细齿南星等
生长地	印度尼西亚苏门答腊岛的热带雨林

“花”的重要部分藏起来了

虽然被誉为世界上最高的花，但实际上是伪装的花。雄蕊和雌蕊等重要部分藏在花苞内侧的下方，作为附属体而独立存在。大家看到的只是“花”的外面，关键部位其实在看不见的地方。

大王花居然没有根和叶子

雌雄异株，身上有很多谜团的寄生植物。

只能看到花？它的全部都是花！

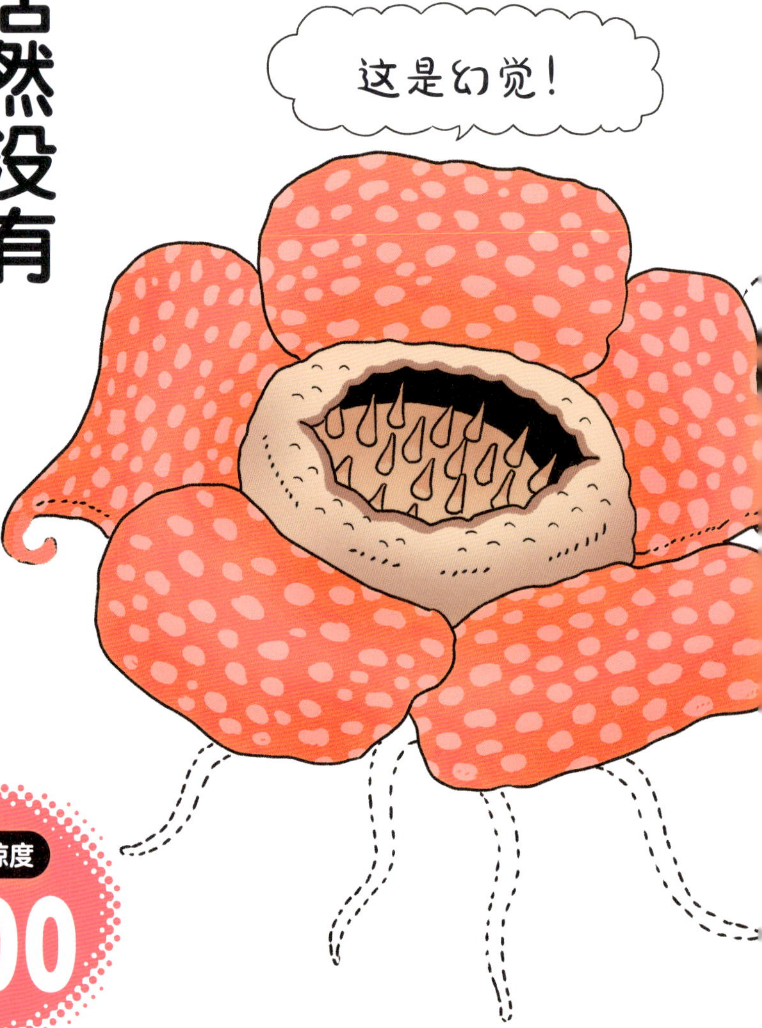

震惊度

100

名称	大王花（大花草科）
大小	花的直径约为 1 米
同类	舍氏大王花等
生长地	东南亚的热带雨林

内心的呐喊

因乱砍滥伐而变成稀有花朵

我以前每次开花时都会被采摘。不过我的花蕾期很长，被人摘取也没关系。我要是找到了合适的寄生对象，就能在这个美好的世界上继续生存下去吧。除此之外，我可是印度尼西亚的国花呢！

大花朵不需要根和叶子也能吸收养分

大王花属植物的品种中，最大的是阿诺德大王花，其花朵直径可达 1 米，是世界上最大的花。它会释放出苍蝇喜欢的腐臭味，也因散发恶臭味而著名。花芽成长需要 9 个月，但花绽放一周左右就会枯萎。

和之前介绍的巨魔芋一样，大王花看起来也是从地面上直接开花。剥离它的花朵后找不到叶子和茎。它是从哪里获取养分呢？事实上，大王花是寄生植物。它的菌丝体状器官侵入葡萄科等藤本植物（宿主）的组织内，从那里吸取养分。不需要根和叶子，它就能在夜间集中获取养分，这也是大王花能够长得如此巨大的原因。但是，它的种子很少有机会寄生到其他植物上。

蜜柑的果实主要是『毛』

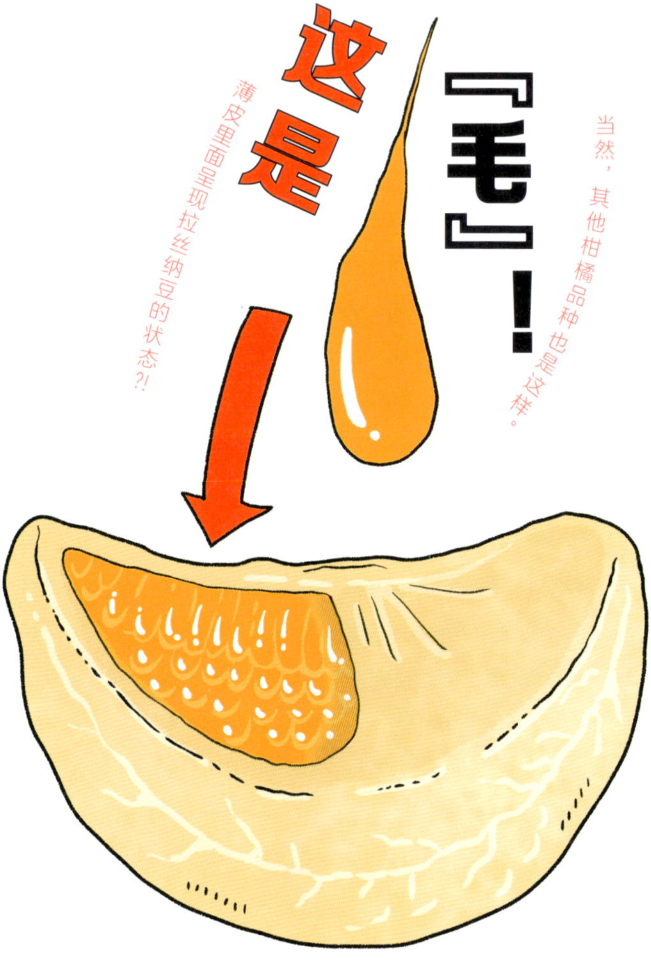
这是『毛』!
薄皮里面呈现拉丝纳豆的状态?!
当然，其他柑橘品种也是这样。

果肉是水分充足、晶莹发亮的“毛”

密集度 100

蜜柑，在日常生活中被大众所喜爱，就好像冬天的风物诗（风物是一定程度上可以代表特定时令或者季节的具体事物——译者注）。常见的蜜柑有温州蜜柑，但现在已经有各种新品种的蜜柑了。

名称	蜜柑（芸香科）
大小	树干高 3～4 米；果实直径为 5～8 厘米
同类	柠檬、葡萄柚等
生长地	中国、日本关东以西地区

内心的呐喊

蜜柑是柑橘类水果

虽然人们常常把全年都能吃到的橙子和葡萄柚等归为柑橘类水果，但其实柑橘是芸香科柑橘属植物的总称哦！蜜柑也是其中的一种。

橙子、葡萄柚等柑橘类水果的特点是果实中布满了水滴状的颗粒。在厚皮下面，果肉分成了 10～12 瓣，每瓣里都有果粒，这些瓣叫作“瓤”。而瓤里的东西其实是“毛”（“毛”是由心皮细胞发育出来的腺毛细胞——译者注）。蜜柑的果实是水分和养分的储存库。水分和养分从果梗进入被称为橘络的白色丝状物和内皮，然后通过瓤进行内部运送。瓤的内部长满密密麻麻的细“毛”，用以存储这些养分。捏一下果粒，你会发现从顶端挤出了细细的“毛”。

斯特尔特沙漠豌豆是沙漠上的『眼球怪物』

注目度

85

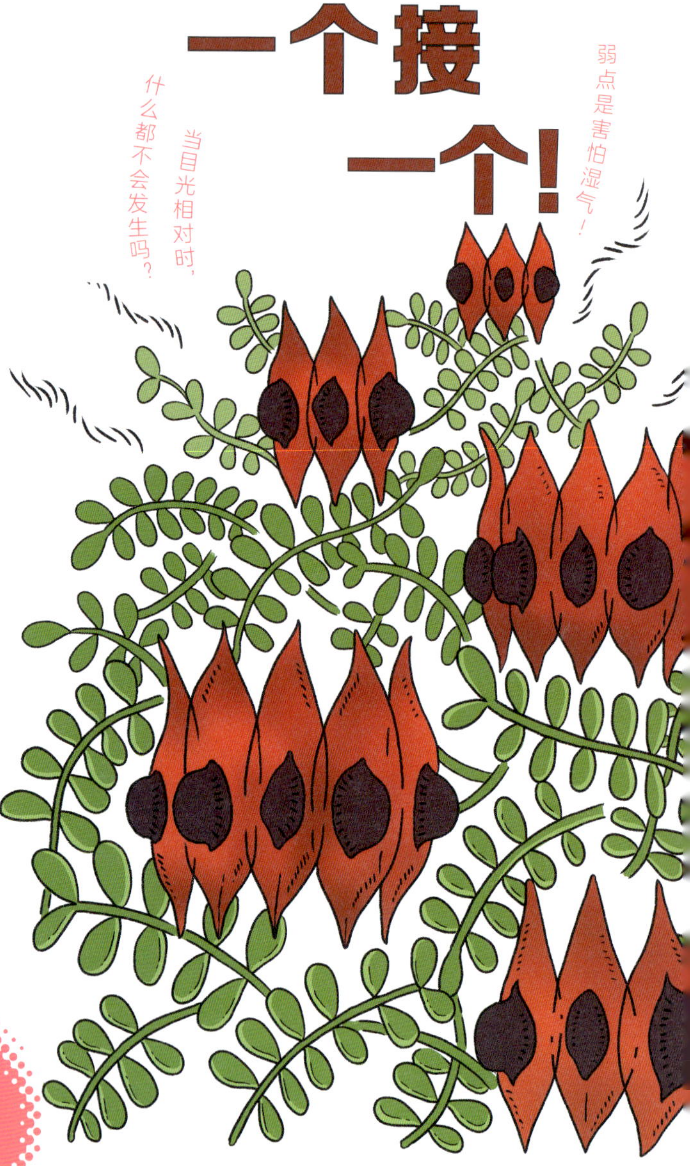
一个接一个！
弱点是害怕湿气！
当目光相对时，
什么都不会发生吗？

名称	斯特尔特沙漠豌豆（豆科）
大小	高约 80 厘米
同类	紫云英、金合欢等
生长地	澳大利亚西部的干燥地带

希望统一我的名称

我的通用名称有很多，甚至连学名也中途改变了，现在除了学名外，我还有别称澳洲沙漠豆，有时也被称为沙漠豌豆、斯特沙漠豌豆等。混乱之处还请多多谅解。

虽说是“荣光之花”，但怎么看都像外星人

斯特尔特沙漠豌豆是被称为“沙漠之豆”的豆科植物。它是一种蔓生矮灌木，在澳大利亚的沙漠地带，会长到大约 80 厘米的高度。它那形状独特的红色花朵，使其作为盆栽在日本很受欢迎。因为外表鲜艳且气势非凡，它以前被称为“荣光之花”。

斯特尔特沙漠豌豆作为盆栽植物时，看起来可爱而迷人，但在原生地又是怎样的呢？想必会让人大饱眼福……事实却出乎意料。在沙漠中群生时，斯特尔特沙漠豌豆的模样就像外星生物，枝条上高高地伸展出许多黑色的“眼睛”，警戒地“望”着周围，好像随时可能发起攻击。它的每一朵花上都有黑色的球状中心，看起来像果实，但实际上只是花纹。为了在广袤的沙漠中被注意到，它选择了引人注目的外观，不过，看上去确实有点诡异啊。

老虎须是神秘的花

从茂密树林里突然
冒出来的『脸』……是什么？

只要温度合适，
全年都能开花。

瘆人度
92

丛林中的黑影

在植物界中，许多植物拥有奇特的形状，这让人不禁疑惑：“它们为什么会长成这样？”其中之一就是老虎须，它生长在东南亚的半阴地带。看到图片时，你可能会想：“这样的花怎么可能存在？”但事实上，它是真实存在的花朵。

深紫色的部分是花苞，从那里垂下来的圆形球状部分是花朵。垂下来的线状结构是未开花的花梗。老虎须的花通常在地面上50～100厘米处开放。

老虎须的花看起来有点像巨大的蝴蝶，也有点像蝙蝠，在茂密的树木间直立着……光是想象就有些令人毛骨悚然。另外，从它的其他别名如“蝙蝠花”“恶魔花”“黑猫”等，也可以看出它的怪异之处。

名称	老虎须（薯蓣科）
大小	高70～100厘米
同类	薯蓣等
生长地	东南亚

内心的呐喊

被称为“恶魔”实在是太过分

虽然被冠上各种各样的称呼让我很高兴，但是“恶魔”这个词实在太过分了。是啊，我是黑色的，在昏暗中看可能会有点吓人。有人说我像外星人，这让我有点受伤。但是即使如此，人类还是喜欢我的吧？

牛角相思树与蚂蚁的关系如谜

有策略度

70

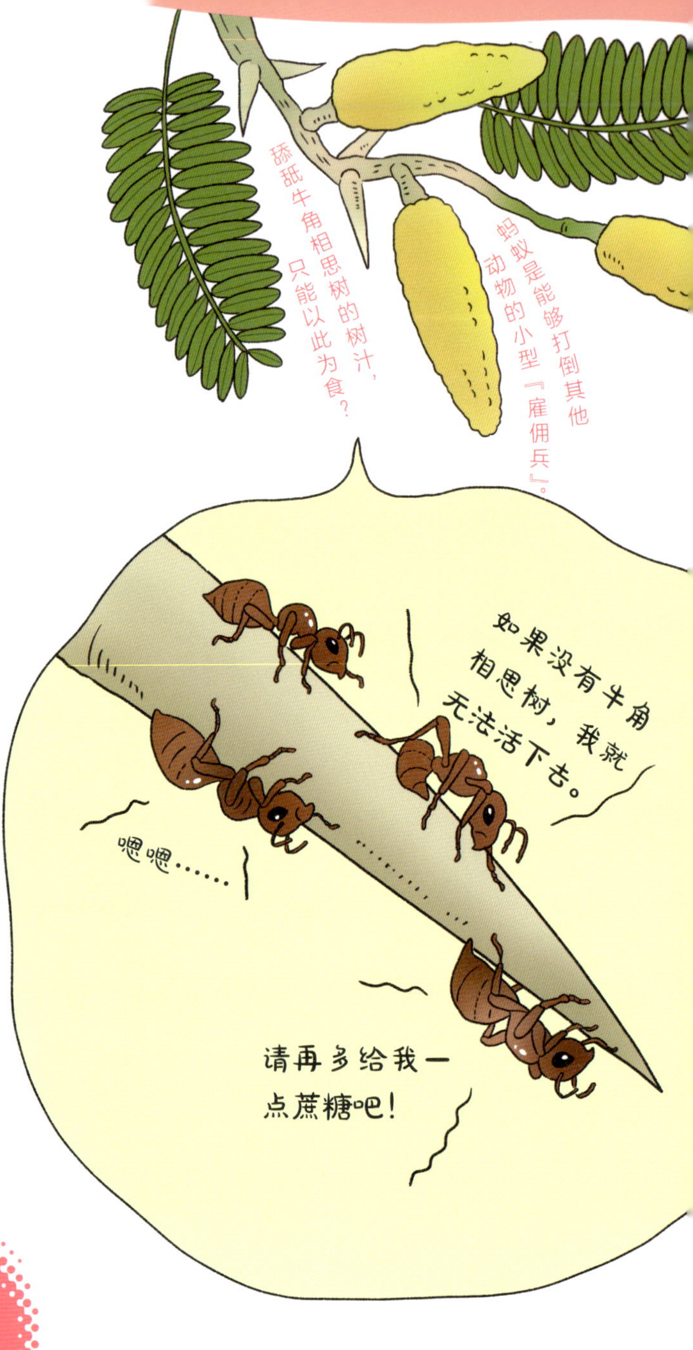
蚂蚁是能够打倒其他动物的小型『雇佣兵』。
舔舐牛角相思树的树汁，只能以此为食？
如果没有牛角相思树，我就无法活下去。
嗯嗯……
请再多给我一点蔗糖吧！

牛角相思树与蚂蚁有着谜一般的关系

牛角相思树的英文名意为“有刺的”。大多数植物都带有锐利的刺，以此保护自己免受天敌的侵害。然而，包括牛角相思树在内的一部分植物，其刺中间是空的。看起来像武器的这些刺，实际上是供蚂蚁筑巢所用。植物提供巢穴给蚂蚁居住，作为回报，蚂蚁会充当植物的保镖，保护它们免受食草动物的侵害。拥有这种生态关系的植物被称为“蚁植物”。为了让尽可能多的蚂蚁长期居住，蚁植物会准备合适的巢穴，并在叶子顶端或叶柄处制造出黄色颗粒物作为蚂蚁的食物。有一种理论认为，看似贴心的行为背后，其实是牛角相思树为了巧妙地将蚂蚁当作手下而采取的。牛角相思树的树汁十分独特，蚂蚁一旦吸食，就无法再吸食其他树汁。这个说法令人不寒而栗。

名称	牛角相思树（豆科）
大小	高约 12 米
同类	野豌豆、紫云英等
生长地	澳大利亚、非洲等地的热带、温带地区

内心的呐喊

是牛角相思树而不是含羞草

虽然一般认为含羞草蛋糕或沙拉里的黄色小颗粒状花是含羞草的花，但实际上它们是牛角相思树的花。可能是因为初次来到日本时，被错误地认为是含羞草而被人们记住了。还有被称为假相思树的植物，请不要混淆哦。

仙人掌在极端环境中进化成现在的样子

极端度

100

在极端环境里的忍耐姿态犹如苦行僧

在形态独特的植物里，仙人掌确实是数一数二的。虽然现在作为观赏植物很受欢迎，但它最开始来自墨西哥的沙漠地带。

仙人掌和一般的植物有很大不同，但也以美丽的花朵而闻名。它的茎多肉，能储存大量水分，叶子则变成刺来保护自己。它为什么会演变成这样的形态呢？是为了适应干燥的沙漠环境。它为什么会生长在这样的环境里呢？原来，仙人掌是为了避免生存竞争，而选择了充满挑战的干燥环境。

避开了与其他植物的竞争，在其他植物都忍受不了的残酷环境中，仙人掌进行了独特的进化，结果它们变成了现在的样子。正如它的名字一样，仙人掌的生活方式确实像神仙。

名称	仙人掌（仙人掌科）
大小	高 3~200 厘米（种类不同，高度有所不同）
同类	昙花、火龙果等
生长地	北美洲南部、南美洲

内心的呐喊

我的名字太多了

我们仙人掌根据形状被分成四大类别。有圆扇形的团扇仙人掌、高大的柱状仙人掌、近似树木形状的叶仙人掌，还有受欢迎的圆球形仙人球……虽然没有什么可抱怨的，但名字是不是有点太多了？

车前草被人类踩踏反而有利于繁衍

请更用力地踩我吧！
在人来人往的地方大量地生长。

忍耐度
90

被人类踩踏是车前草生存策略的关键

日本有句谚语：“当你迷失方向时，跟着车前草走。”虽然如今大部分道路都铺设了水泥，但车前草这种植物却早已融入了人类的生活。

大多数植物依靠风、鸟类、昆虫等传播种子，而车前草的种子在被雨水打湿后会变

名称	车前草（车前科）
大小	花茎长 10～30 厘米
同类	金鱼草、大叶车前草等
生长地	亚洲东部

内心的呐喊

现在变成了健康食品

我过去被称为车前草，受到大家的喜爱，但终究还是敌不过混凝土。现在我为大家所熟知的作用是作为药物或食用植物，而不再是路边的野草。

得黏糊糊的，能够附着在人或车轮上被远距离传播。它故意生长在容易被踩踏的地方，以便将种子黏附在人类身上。车前草的叶子由坚韧的植物纤维构成，不容易撕裂；茎部则是类似海绵的结构，能够很好地回弹，即使被踩踏也不会受到太大伤害。

车前草的繁殖能力相对较弱，在许多树木生长茂密的地方，很快就会被其他植物取代。或许是因为这样，它故意选择在残酷的环境中生存吧。

野豌豆让蚂蚁当保镖

豆荚黑黝黝的，就像乌鸦羽毛的颜色。
蚂蚁先生，我等会给你蜜糖，请当好我的保镖。
野豌豆上布满密密麻麻的蚜虫。
我等会儿也给你蜜糖，请期待吧，蚂蚁先生。
好的，请多关照！
唔……无法靠近……

复杂度

98

受益者是谁？神奇的共存关系

让蚂蚁充当保镖的植物有很多种，野豌豆就是其中之一。它会在花朵或叶子附近生长出一个称为“托叶”的蜜液分泌处，以吸引蚂蚁前来。即使在不开花的时候，它们也会持续供应蜜液，这对蚂蚁来说是美味佳肴。然而，有一种昆虫“插足”了野豌豆和蚂蚁之间的关系。这是一种名为豌豆修尾蚜的蚜虫，它会挤走蚂蚁，独自吸食野豌豆上的蜜液。尽管如此，豌豆修尾蚜自身也会分泌一种甜汁。蚂蚁则会放弃蜜液，转而吃这种甜汁，同时保护蚜虫不受天敌如瓢虫等的袭击。野豌豆和豌豆修尾蚜似乎一起雇用了蚂蚁，但这种关系十分复杂，让人感到困惑。

名称	野豌豆（豆科）
大小	高 60 ~ 90 厘米
同类	金合欢、白车轴草等
生长地	日本的本州以南地区、欧洲

内心的呐喊

暂时应该算共存吧

虽然蚜虫先生暂时还没有对我造成太大的伤害，但是……它们真的太多了。

看看这个，难道不是密密麻麻的吗？

苹果猪笼草竟然不捕虫只帮忙

为了更方便收集到雨水，
它的盖子『设计』得很小巧。
蝌蚪
孑孓

（孑孓：蚊子的幼虫。——译者注）

放任度
100

丛林里放任自由的“房东”

说到猪笼草，大家可能都知道它是一种通过溶解昆虫而获得养分的食虫植物。然而，也有一些品种不吃虫子，反而让虫子寄居在它的捕虫笼里。苹果猪笼草生长在加里曼丹岛，它具有强大的地下茎，植株仿佛在地面生长出许多个可以像瓶子一

名称	苹果猪笼草（猪笼草科）
大小	捕虫笼高 6 ~ 10 厘米
同类	马来王猪笼草、巨型猪笼草等
生长地	加里曼丹岛、巴布亚新几内亚、马来半岛

内心的呐喊

请向上看看吧

虽然大家都关注我的“瓶子”，但其实我的主体应该是藤蔓部分哦！

藤蔓可以伸展到约 2 米长！

样滚动的捕虫笼。每个捕虫笼都能积蓄雨水，让蚊子和跳蚤等虫子在其中寄居，或者能利用溺亡的虫子来吸引蚂蚁和蜘蛛等留下排泄物作为养分。从虫子那里获得营养，这一点与其他猪笼草是一样的。

近年来，在苹果猪笼草的捕虫笼里发现了一个蛙类新品种，它被命名为婆罗洲姬蛙，其雌蛙长不超过 2 厘米，雄蛙长约 1 厘米，它的蝌蚪更小，只有 0.3 厘米长。

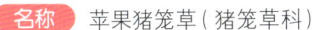

专栏：植物到底是什么

Q. 植物和动物有什么区别？

A. 特征完全相反。

植物能够通过叶绿体自己合成养分，没有消化道，不能自行运动，没有控制感觉的神经，细胞有细胞壁。动物则与此完全相反。

Q. 植物是动物以外的所有生物吗？

A. 植物不包含藻类和真菌。

霉菌和真菌不能自行合成养分，它们被归为与植物不同的真菌类。包括海藻在内的藻类曾被归类为植物，但现在被归为藻类。

Q. 植物有哪些分类？

A. 植物根据繁殖方式可以分为两大类。

种子植物：会开花和进行授粉，通过种子繁殖。分为有果实的被子植物和裸子植物。

孢子植物：通过孢子繁殖，如蕨类和苔藓植物。

第2章

让人惊叹的植物

长柄树菊可以长到十五米高

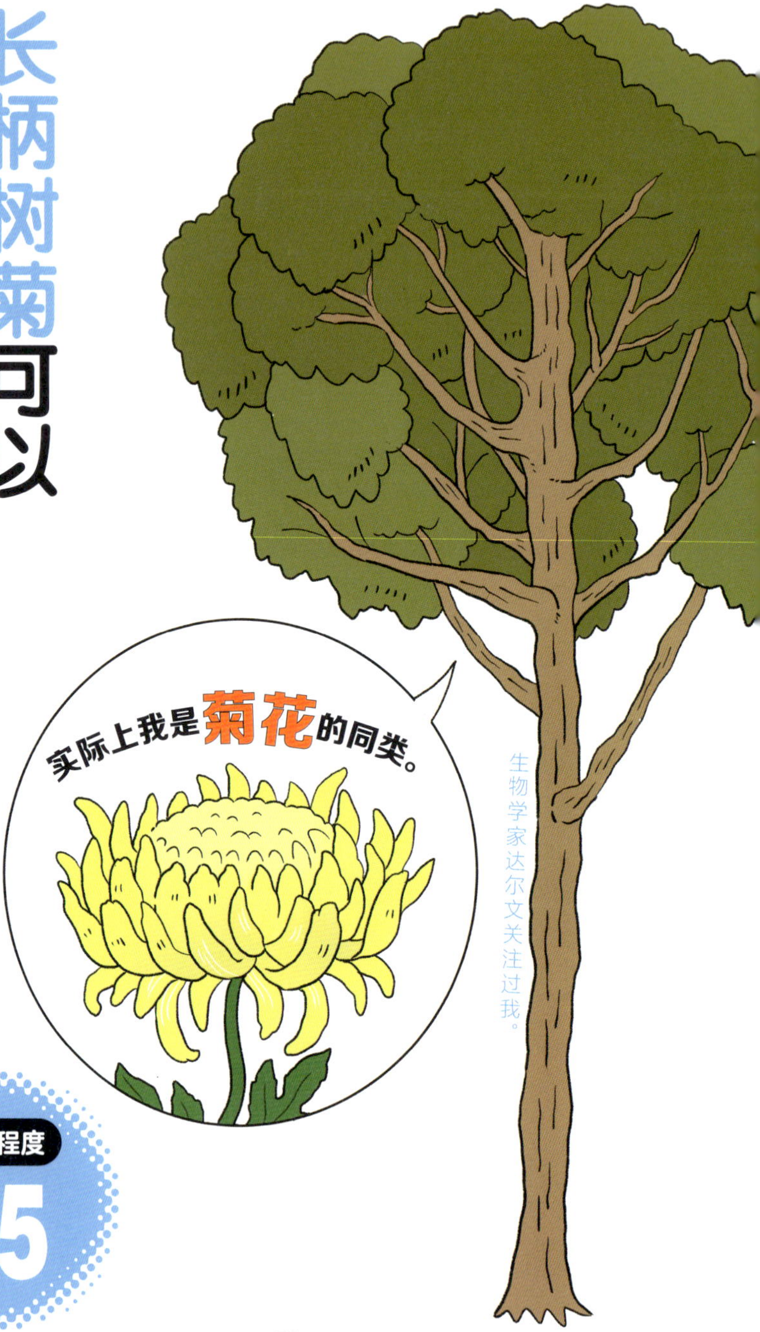
实际上我是菊花的同类。
生物学家达尔文关注过我。

巨大程度

85

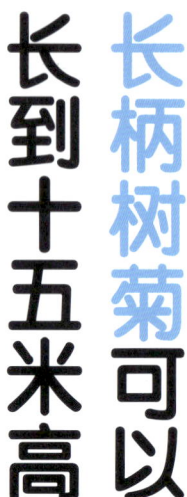

在自由环境中长得巨大的菊科植物

任何生物都有可能成长到惊人的大小。如果人类中有身高超过2米的人，我们可能会感叹“那个人好高啊”。在太平洋中的加拉帕戈斯群岛的圣克鲁斯岛高地上生长的长柄树菊，无疑是巨大的。一旦种子发芽，它们在一年内就会长成约4米高的树木，成熟后甚至能达到15米的高度。

令人惊奇的是，树菊属于在日本也很常见的菊科植物。一般而言，菊花最多也只有1米高，它们之间的差距非常大。

长柄树菊可能在远古时期，通过鸟类、风和海流等从南美大陆传播到圣克鲁斯岛。该岛属于被海洋所隔绝的地区，其他生物较少，植株获得充分的生长空间，逐渐变得巨大。

名称	长柄树菊（菊科）
大小	高约15米
同类	非洲菊、雪兔子等
生长地	加拉帕戈斯群岛的圣克鲁斯岛

内心的呐喊

我的寿命很长哦

相比其他菊科植物，我们的寿命相当长。大多数情况下，如果只剩下残余的根部，其他菊科植物只能活10年左右，但我们的寿命是它们的两倍多，最长可达25年。虽然在多雨季节有时会枯萎，但我们的种子会很快发芽并长大。

爪钩草真的可以杀死狮子

在过去被当成药来使用。
『黏附虫』一样的结构。

危险度

90

（黏附虫指能够黏附在动物体表或人类衣物上以扩散种子分布范围的植物种子。它们具有独特的表面结构，如钩子、倒刺或黏液。——译者注）

堪称夺取最强动物生命的最强植物

狮子被称为“百兽之王”，被认为是陆地上最强大的动物。然而，有一种植物能够夺取狮子的生命。它的名字叫作爪钩草。虽然这个名字听起来像绰号，但实际上是它的正式名称，在英语中被称为“devil's claw”（恶魔之爪）。

爪钩草是一种藤本植物，生长在非洲南部，有着可爱的粉红色花朵。然而，可怕的是它结出的果实巨大且带有锋利的刺，这些刺能够黏附在动物身上。刺上还有倒钩，一旦刺入其他物体，很难拔出。被这种果实附着的狮子会张嘴咬并拼命拉扯，结果导致果实被吞下。之后，狮子会挣扎，试图将果实吐出，但果实却越陷越深，给它们造成严重的伤口。

名称	爪钩草（胡麻科）
大小	果实长 10～15 厘米； 花朵直径为 5～6 厘米
同类	芝麻、天竺麻等
生长地	非洲南部

内心的呐喊

死狮的旁边会长出新芽

当狮子吞下我们的果实时，就无法捕获猎物，甚至可能因虚弱而死亡。然后，在死去的狮子旁边又会长出新的芽。恰如我的日本名字“杀狮草”，我会一直纠缠着狮子。

翅葫芦种子能像飞机一样滑翔

咻！
一颗果实里面有一百枚种子。
很像宫崎骏电影《风之谷》中娜乌西卡所驾驶的喷气式滑翔机。

帅气度

92

飞行器的基本结构设想可能源自能够滑翔的植物

当谈及植物种子的传播时，许多人可能会想到蒲公英飘飘摇摇、随风飞舞的样子。然而，在印度尼西亚的热带雨林中生长的翅葫芦的种子可不是那么温柔的存在。翅葫芦是一种攀缘植物，它在树上攀缘生长，结出长 20~30 厘米的果实。果实内部包含许多带有薄膜状翅膀的种子，这些种子会依次飞舞着离开果实。翅葫芦的这种结构对人类产生了重大影响。20 世纪初，奥地利的埃特里希父子从这种结构中获得启示，制造了翅葫芦形的无尾滑翔机。这架滑翔机的改进版后来成为民用飞机的基础。

名称	翅葫芦（葫芦科）
大小	果实长 20 ~ 30 厘米
同类	黄瓜、西瓜等
生长地	印度尼西亚的热带雨林

内心的呐喊

为什么能“飞行”

我们居住在热带雨林中，这里树木茂密，很难指望强风能够帮助我们传播种子。因此，我们不得不进化出自己的“翅膀”来传播种子。这绝对是为了生存而创造的大自然的发明。

喷瓜会迅猛地喷射种子

喷
有苦味，不能吃。
从古代开始被作为药材使用。
产卵

危险度 75

种子以每小时 200 千米的速度喷射

在日本，像铁炮百合和铁炮鱼这样名字里带“铁炮”的生物有很多（铁炮是日本人对火绳枪的称呼——译者注），铁炮百合的花形类似铁炮，而铁炮鱼则是因为进食时从口中喷射水的样子看起来像铁炮而得名。喷瓜在日本被

名称	喷瓜（葫芦科）
大小	果实长3~7厘米
同类	南瓜、翅葫芦等
生长地	亚洲的温带地区、北美洲、欧洲

内心的呐喊

我的英语名字听上去很厉害呢

在英语里，我们被称为“Exploding Cucumber”，意思是“爆炸黄瓜”。对于人类来说，我们喷射种子的样子可能看起来就像炸弹爆炸一样。无论怎么说，都觉得我们是残暴且危险的植物。

射

叫作“铁炮瓜”，这个名字源于它喷射种子时令人惊讶的姿态——很像铁炮发射时的样子。它的茎在地面蔓延，茎上会开出约3厘米大小的黄色花朵。随着时间的推移，长约7厘米的椭圆形果实成熟，里面的压力会增加。当压力达到极限时，它就会像铁炮一样迅猛地喷射种子，速度达到每小时200千米，几乎与专业网球运动员发球的速度相当。

紧密小鹰芹可以让人坐在上面

堆叠度
75

生长了 3000 年的巨大绿色疙瘩

在南美洲安第斯山脉海拔 4000 米的普纳高原上，可以看到绿色的蓬松巨块。它们比人体还要大，看起来像聚集在一起的苔藓或某种形状奇特的仙人掌，但其实这是一种名为紧密小鹰芹的植物。这些巨块并不是单一

名称	紧密小鹰芹（伞形科）
大小	高约 3 毫米的群生植物
同类	欧芹、胡萝卜等
生长地	南美洲安第斯山脉

因为易燃，所以曾被当作燃料使用。

内心的呐喊

要不要试试坐在我身上

我看上去毛茸茸的，有些人可能会认为我很柔软、蓬松。但实际上，我由许多小植物紧密聚集而成，所以相当坚固。要试着坐在我身上吗？就算有一个人坐在我上面，我也没有一点事哦！

的生命体，而是由成千上万个小植物聚集而成。然而，紧密小鹰芹的生长非常缓慢，一年只会增长约 1.5 厘米。那么，生长到这样紧密的程度，需要花多少时间呢？紧密小鹰芹有着非常长的寿命，许多个体被认为已经有超过 3000 年的历史。这些植物从那时起就开始生长，繁茂至今。

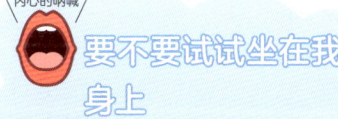

凤尾杉是植物『活化石』

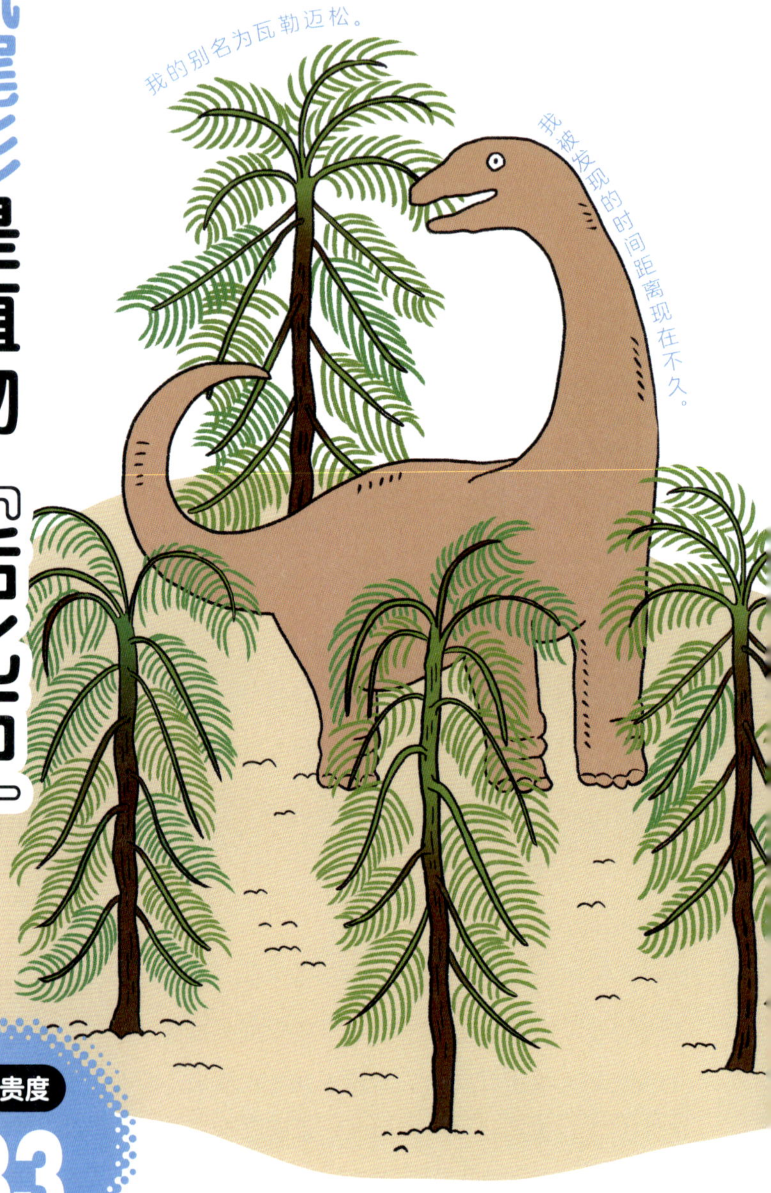
我的别名为瓦勒迈松。
我被发现的时间距离现在不久。

珍贵度

83

2 亿年前就存在的世界上最古老的种子植物

你们知道帝王鱼吗？它被认为从大约 4 亿年前起，就以几乎和现在一样的形态生存着，因此被称为“活化石”。实际上，在植物界也有被称为“活化石”的存在，就是“侏罗纪树”，也可以说是“侏罗纪时代的树”。侏罗纪时代始于大约 2 亿年前，是恐龙盛行的时代。侏罗纪树从那个时代就开始存在，是世界上最古老的种子植物之一。它可以长到约 40 米高，并作为个体存活 1000 年左右。过去它只在化石中被发现，被认为已经灭绝了，但在 1994 年，它被发现于澳大利亚的沃勒米国家公园的峡谷中，至今仍然存活。

名称	凤尾杉（南洋杉科）
大小	最高约 40 米
同类	南洋杉、异叶南洋杉等
生长地	澳大利亚

内心的呐喊

有机会偶遇我哦

我被栽种在日本东京迪士尼乐园，在园区里的西部沿河铁路旁可以看到我哦。

来东京迪士尼游玩的时候一定要来找我哟。

小白兔狸藻外表可爱，实则凶狠

适合作为礼物的可爱花朵。
活泼
日语名字里有『苔藓』二字，
但其实跟苔藓不是同类。

表里不一度

93

以可爱的姿态让人掉以轻心，然后瞄准猎物出击

有一句俗语说：“美丽的花朵也有刺。”但在很多植物中，外表和真实习性之间存在巨大的差距。

原产自非洲南部的小白兔狸藻就是其中之一。它的茎只有 3~5 厘米，开出的白色花朵直径不到 1 厘米，花的形态非常像耳朵伸直的兔子。然而，小白兔狸藻尽管外表可爱，却也拥有凶狠的一面。它是一种食虫植物，会捕获并吞食其他生物。它的根部有许多捕虫袋，植株通过它们捕捉生物，以获取营养。

小白兔狸藻花朵的这种形状，也许会让人误以为它是为了吸引昆虫而设计的，但事实并非如此。它所捕食的并不是受到花朵吸引而飞过来的昆虫，而是像微型甲壳动物和浮游生物之类的微生物。

名称	小白兔狸藻（狸藻科）
大小	茎高 3~5 厘米
同类	狸藻、挖耳草等
生长地	非洲南部

内心的呐喊

试着栽培我吧

我们是生长在温暖地区的植物，只要注意日照和浇水，保持室温在 15℃~20℃之间，我们就可以全年开花。我们的生长速度很快，可以通过分株的方式，将我们移植到另一个盆中，这样我们的数量会加倍增长。

加拿大一枝黄花被认为是恐怖的化学武器

生活在美国的同类可不会长这么高哦！
是明治时代来到日本。

会破坏自然界的平衡，简直是强大的武器

武力度
95

加拿大一枝黄花在日本各地的河滩和空地上群生。植物高 1~2.5 米，开黄色的花朵。这种植物最初是作为园艺植物被引进到日本，但如今在各地蔓延开来。

名称	加拿大一枝黄花（菊科）
大小	高 1～2.5 米
同类	蒲公英、春飞蓬等
生长地	北美洲、日本等

内心的呐喊

最近感觉有点虚弱

最近，周围的植物都消失了，我们自己的毒素也使自身变得更加虚弱。

我们的生长势头逐渐减弱。

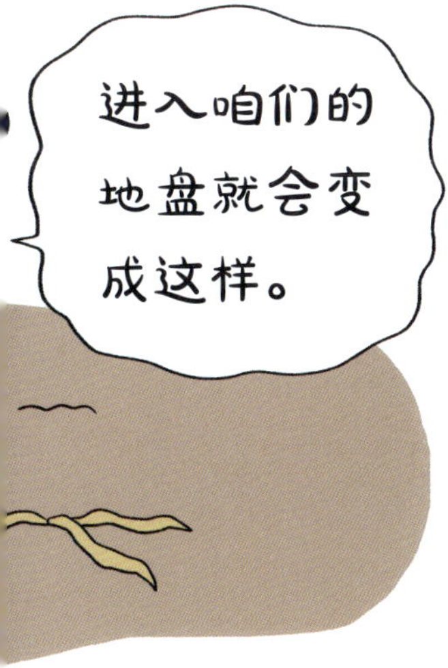
进入咱们的地盘就会变成这样。

这其中的秘密在于它根部释放的化学物质。它利用这些物质抑制周围植物的生长，以便自身优先发展。可以说它是一种化学武器。然而，在原产地北美洲，加拿大一枝黄花并没有长得很高大，也没有大规模繁殖。这可能是因为在原产地，它与其他植物之间保持了生态平衡。

毒麦会故意感染病原体

毒麦被发现于已存在 4000 年以上的墓穴边。

它的毒可不是靠自己制造出来的。

欺骗度

90

通过与病原体“达成契约”，建立良好的关系

人类受病原体感染会生病，植物受病原体感染也会生病。对人类来说，生病时可以去医院检查并接受治疗，但是植物不能这样做，植物只能通过在体内产生物质来与病原体作斗争，从而恢复健康。

但是，有一种名为毒麦的植物会故意让有毒的病原体在自己体内寄生。为什么会这样呢？原来，毒麦为了防止自己被家畜等食用会制造毒素，但这需要耗费相当多的能量和养分。那么，不如干脆主动被有毒的病原体感染，这样自己体内的物质就会对此进行防御。如此一来，它在与病原体作斗争的同时，自身也会生成有益的物质。

就像是与“恶魔”达成了契约一样，毒麦等植物通过这样的做法与病原体建立了良好的关系，与它们共存共荣。

名称	毒麦（禾本科）
大小	高 30～80 厘米
同类	芒草、玉米等
生长地	温带地区

内心的呐喊

很早以前就出现了

毒麦的故事在 2000 年前的书里就有记录了，书里提到，人类相信恶魔在自己沉睡时撒播了我们的种子到田地中。从那时起，我们就被认为已经与恶魔达成了契约。

铁锤兰欺骗雄蜂轻而易举

靠巧妙的气味和伪装吸引雄蜂

诱惑度

93

许多生物通过与异性交配来繁衍后代，人类也不例外。人类会通过精心打扮或喷涂香水等方式来吸引异性，采取这种策略的人很常见。

在自然界中，生活在澳大利亚的一种名

名称	铁锤兰（兰科）
大小	高 10～40 厘米
同类	香荚兰、石斛等
生长地	澳大利亚西南地区

咯吱咯吱！

通过类似弹簧的机制，让花粉黏附到雄性蜜蜂身上。

内心的呐喊

欺骗雄蜂轻而易举

我所模仿的是刺臀土蜂的雌蜂，这种雌蜂在繁殖季节时没有翅膀，会沿着植物的茎攀爬并释放出信息素。我借用这种方法进行伪装，只是动脑筋解决问题而已。让人吃惊的是，雄蜂竟然会如此容易上当，真是愚蠢呢。

为铁锤兰的植物也在使用类似的策略。铁锤兰通过蜜蜂传播花粉，而它吸引雄蜂的方法真是太神奇了！铁锤兰的花朵形状非常像雌蜂，容易欺骗雄蜂靠近。与此同时，铁锤兰还会释放出类似雌蜂的信息素，从而提高伪装效果。被完全欺骗的雄蜂会试图与之交配，随着花瓣晃动，花粉会黏附到雄蜂身上，铁锤兰就达到了通过蜜蜂传播花粉的目的。

玉米可以变成像宝石一样的彩虹色

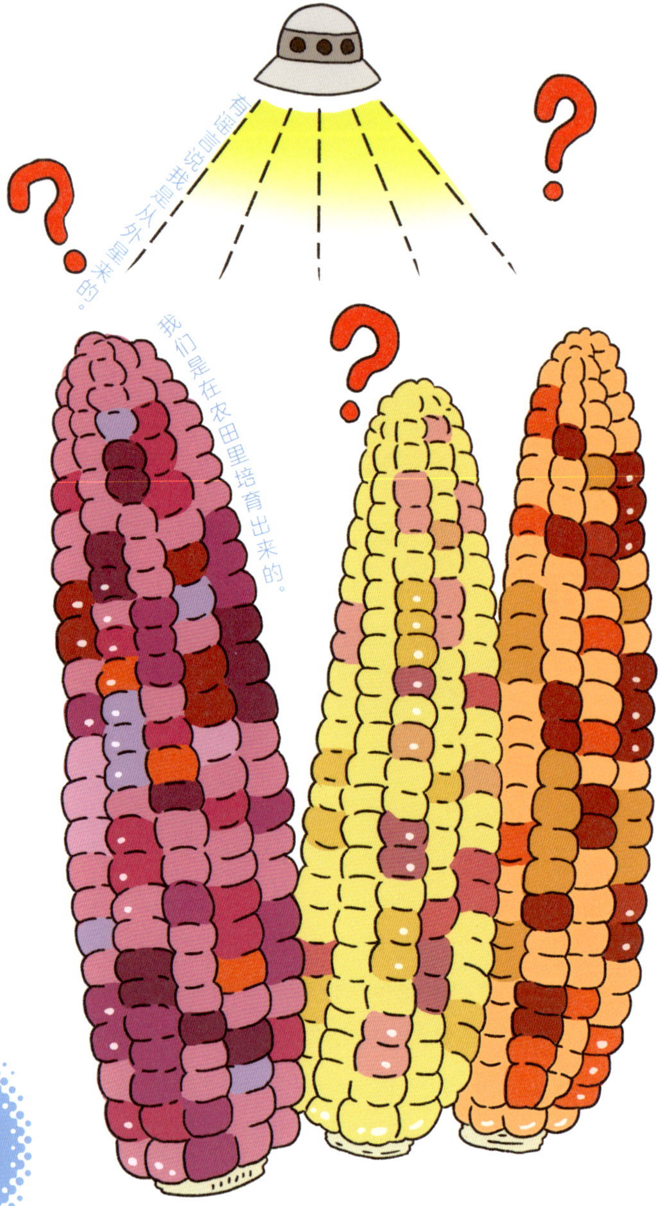

鲜艳度

90

经过品种改良后可以吃的多彩玉米

玉米有许多不同的吃法，可以煮、烤，做成汤……玉米粒的颜色通常是黄色或白色，但实际上，混合了各种颜色的颗粒所形成的“玻璃宝石玉米”是存在的。这些颗粒有紫、黑、绿、红、橙等颜色，真是五彩斑斓。此外，颗粒是半透明的，就像宝石一样美丽。这种神奇的玉米是通过长时间的品种改良培育而来。实际上，玉米的不同品种有不同颜色的颗粒，通过交叉杂交，混合颜色，才能产生闪耀着彩虹色的玉米品种。

或许这种平时不常见的玉米颜色，会让你产生是否能吃的疑虑。但实际上，这些玉米是可以安心食用的。与常见的普通品种不同，这种玉米虽然没有那么甜，但可以用来制作爆米花等食品。

名称	玉米（禾本科）
大小	高 1.5 ~ 2 米
同类	小麦、甘蔗等
生长地	北美洲、南美洲等地区

培育方法很简单

我们的培育方法与普通玉米一样，可以在种植盆或大型容器中进行栽培。

另外，我们的种子可以通过网络轻松购买。当你想要看到我那闪耀着彩虹色的美丽身躯时，不妨从种子开始培育我吧！

狸藻会瞬间把猎物吸入吃掉

哎呀！
名字源于『狸猫的尾巴』。
从水中吸入猎物时『袋子』会发出声音。

吸入度
75

无数“袋子”漂浮在水中，吸入猎物后封闭

说起食虫植物，它们通常会捕捉昆虫，或者让昆虫掉入陷阱中，但狸藻科植物中的一些品种捕捉昆虫的方法却很特别，它们能将猎物吸入“袋子”里。

狸藻科植物主要生长在池塘、沼泽等水

名称	狸藻（狸藻科）
大小	茎的直径为 0.3～2 毫米；叶长 14～45 毫米；花的直径为 10～30 毫米
同类	野捕虫堇、小白兔狸藻等
生长地	热带、温带等地区

内心的呐喊

生存的技巧

我们总是生活在水中，你可能会认为我们不需要吃东西。但是，我们生活的沼泽和池塘并不富含养分，如果不捕捉昆虫等来摄取营养，我们就会死去。所以我们只好通过捕捉昆虫来补充营养，维持生命。

面下，没有根部。它们叶子的基部附近有小型捕虫囊，这是用来吸入虫子的。这些捕虫囊的大小为 2～5 毫米，像一个个小袋子，带有类似于胡须的触须，当触碰到猎物时，捕虫囊会瞬间打开，将猎物连同周围的水一起吞噬，然后很快又关闭，以此困住猎物，不让它们逃脱。

捕虫囊会持续保持封闭的状态，通过消化吸收被困在囊里的猎物，供给自己的营养。

马来王猪笼草居然可以『吃』下整只老鼠

挺拔度

95

比人脸还大的巨大捕虫植物

大家知道世界上最大的捕虫植物是什么吗？那就是通过捕虫袋来捕获猎物的猪笼草。在大型的异形捕虫植物中，马来王猪笼草拥有压倒性的巨大体形。它名字中的“王”意味着它的尺寸非常大，它的捕虫笼高约 45 厘米，而笼口直径则为 15～20 厘米，名副其实地达到了“王者”的规模。

马来王猪笼草的捕虫笼内部相当宽敞，容纳着能消化猎物的消化液，其中包含着多达 3500 毫升的水。通常情况下，它捕食的猎物有蚯蚓、蟑螂等，但有时它也能消化老鼠、蜥蜴，甚至小鸟。这的确令人震惊。

这种植物因其巨大的尺寸和独特的颜色，在植物爱好者中非常受欢迎。

名称	马来王猪笼草（猪笼草科）
大小	捕虫笼高约 45 厘米
同类	苹果猪笼草、巨型猪笼草等
生长地	加里曼丹岛

内心的呐喊

成为大自然的“马桶”

我与一种叫树鼩的动物建立了共生关系。树鼩会将富含营养的粪便留在捕虫笼里，我会在捕虫笼的盖子下面分泌出甜美的蜜汁作为报酬。为了稳定地获得营养，即使成为大自然的“马桶”，我也毫不抗拒。

斜果挖耳草小到几乎看不见

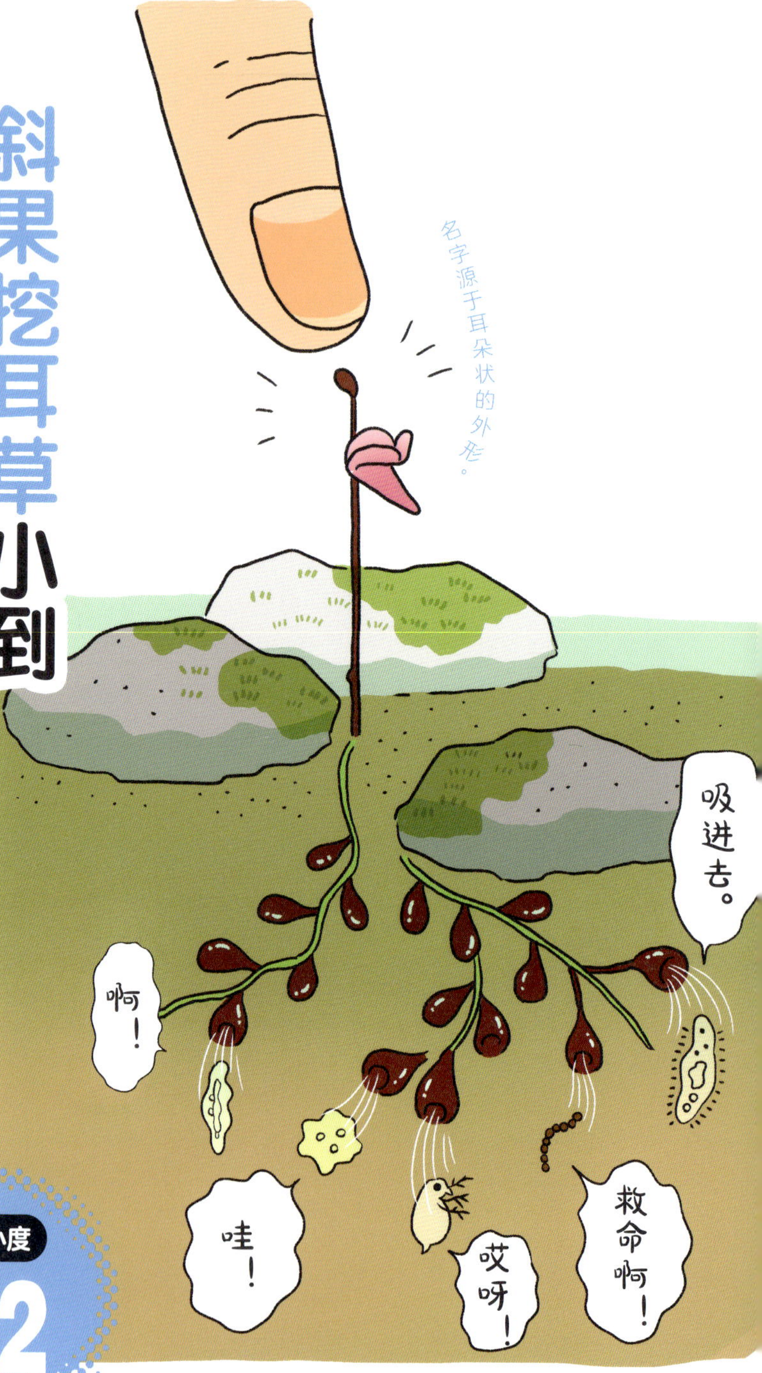
名字源于耳朵状的外形。
吸进去。
啊！
哇！
哎呀！
救命啊！

微小度

92

可爱外表下是对猎物毫不留情的一面

斜果挖耳草是一种生长在湿地和沼泽中的植物，它从水中长出细长的茎，开着淡粉色的迷人花朵，结出小小的果实。

它的显著特点是尺寸极小，植株只有 1~2 厘米高，花朵直径为 0.1~0.2 厘米，极微小。茎比头发还要细，肉眼几乎看不见。

斜果挖耳草从水中伸出的茎上绽放着独一无二的淡色花朵，给人一种非常可爱的感觉。然而，它却是一种会捕捉猎物并吸取营养的食虫植物。

斜果挖耳草尽管体形微小，但捕获的猎物却是更加微小的浮游生物和细菌。它属于狸藻科的一员，其在地下伸展丝状的地下茎，茎上布满了极小的捕虫袋。猎物靠近时，会被吸入这些捕虫袋中并被困住，然后作为养分被吸收。

名称	斜果挖耳草（狸藻科）
大小	高 1~2 厘米；花的直径为 0.1~0.2 厘米
同类	小白兔狸藻、野捕虫堇等
生长地	日本的东海地区

内心的呐喊

遭遇灭绝的危机

由于环境变化的影响，我们的种群数量急剧减少。本来我们数量就稀少，还因为太过微小，更难被人类发现。虽然我们拥有可爱的外表，但是这一点，却让人觉得有些伤感。

生石花靠长得像石头来保护自己

隐身度

80

利用膨胀的叶子融入周围的风景

小型昆虫常常会为了保护自己免受天敌的袭击而伪装成植物的形态。事实上，在植物界中也存在一些为了躲避动物的威胁而靠伪装来保护自己的例子。

在有很多石头的沙漠和岩石地区生长的生石花就是这样的植物之一，它与仙人掌等多肉植物一样，拥有膨胀的、形状像屁股的特殊叶子。这些叶子会根据周围的景观呈现出相匹配的颜色和图案，使其乍一看就像小石子。沙漠里的动物为了获取水分而寻找植物，但生石花却会被误认为是石头，因此动物不会吃掉它。

生石花的叶子形态因种类而异，而且有各种各样的颜色，如棕色、绿色、红色、白色、紫色等，叶子上还有裂纹等各种纹理。此外，它们的叶子之间会开出美丽的花朵，因此被作为观赏植物种植，深受人们的喜爱。

名称	生石花（番杏科）
大小	高约 5 厘米
同类	松叶菊、白凤菊等
生长地	非洲的干燥地带

内心的呐喊

我们会蜕皮

我们这种特别的植物每隔一年会蜕皮一次。蜕皮的时候，老叶子会往两边分开，新叶子从中间冒出来。旧叶子会变得干燥而脆弱，黏附在新叶子的下面。

红娘花为沙漠打造罕见花海

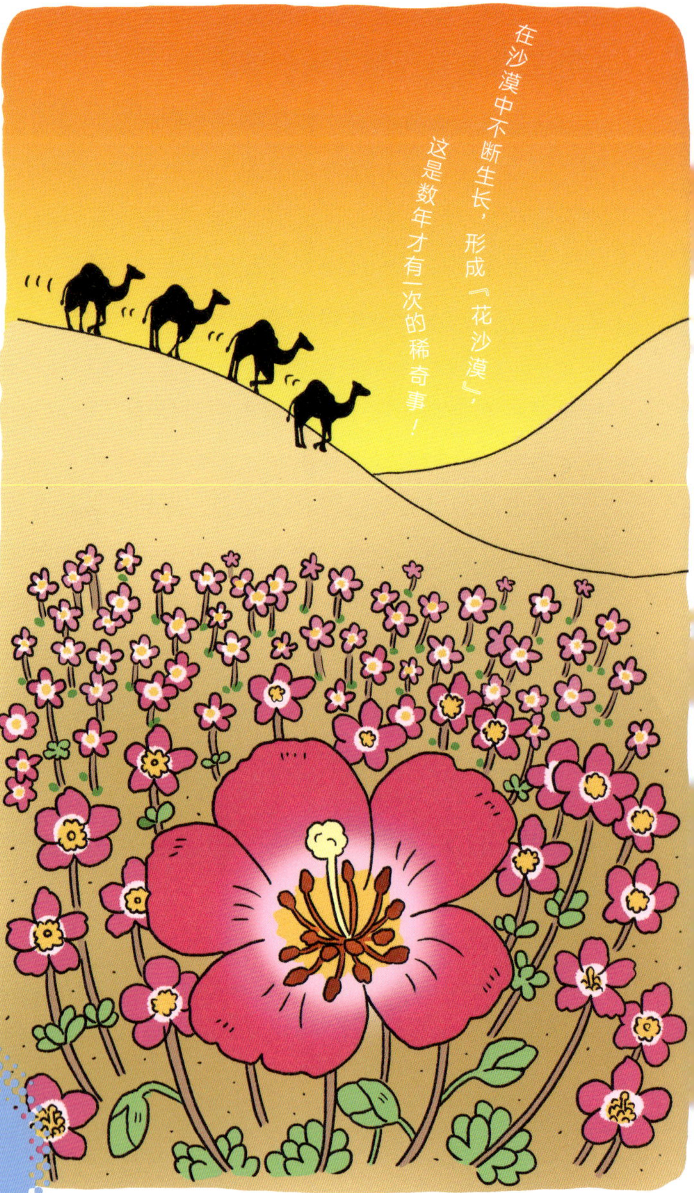

在沙漠中不断生长，形成『花沙漠』，
这是数年才有一次的稀奇事！

壮观度

95

干燥沙漠上出现的清新花海

一提到沙漠，你可能会想到由沙子和岩石构成的风景，以及沙漠向地平线尽头延伸的景象。然而，实际情况并不仅限于此。在沙漠某些地方，可能会突然出现一个神秘的花海。在智利的阿塔卡马沙漠中生长着红娘花和它的同种植物长莛红娘花（*Cistanthe Longiscapa*）。它们的数量非常庞大，如果将沙子筛一遍，会发现大量的种子。为什么这些种子不发芽呢？因为干旱的沙漠地区很少下雨，即使稍微有点水分，也会很快蒸发掉。因此，它们大部分时候以保持休眠状态的球茎形态存在。只有在大量降雨时，球茎才会集体发芽。之后数周内，花朵开放后，留下球茎，植物重新进入休眠状态。因此只有在特定的时刻，沙漠中才会出现大片花海。

名称	红娘花（马齿苋科）
大小	高 10～20 厘米
同类	大花马齿苋、马齿苋等
生长地	南美洲、非洲南部等地区

内心的呐喊

我要弄清楚下雨的情况

为了在沙漠里生存，我们的球茎上有一层特殊的涂层，这层涂层会抑制发芽。当雨水完全冲刷掉涂层时，新芽才会长出。通过这样的构造，我们就能够准确判断是否有足够的雨水让我们稍微长大一点。

捕蝇草是捕捉昆虫的一把好手

准确辨别昆虫和其他物体，确保捕获的猎物逃不走

灵巧度 95

正如其名，捕蝇草是捕捉苍蝇等昆虫的食虫植物。它有着类似大嘴巴的两片叶子，当昆虫进入其中时，这对叶子会合拢并将昆虫捕获。在接下来的几天时间里，被捕获的昆虫会逐渐被捕蝇草消化吸收来补充营养。

名称	捕蝇草（茅膏菜科）
大小	高 10～15 厘米
同类	貉藻、圆叶茅膏菜等
生长地	北美洲

达尔文认为它是世界上最不可思议的植物之一。

内心的呐喊

我具有强大的传感能力

在闭合叶子后，我会使用传感器感知昆虫所具有的蛋白质。当无法感知到蛋白质时，我们的叶子会重新张开。但是，一旦捕获到昆虫，叶子将保持闭合状态长达 10 天。之后我会缓慢地将猎物的身体溶解并吸收其营养。

有时，雨水或叶片等非昆虫的东西也可能进入其中，但此时叶子并不会合拢。这是因为叶子内部拥有特别的“传感器”。

这些传感器叫作“感觉毛”，每片叶子的内部都有 3～4 根。当连续两次触碰感觉毛或同时触碰至少两根感觉毛时，叶子就会合拢。传感器连续发生触发反应，或者多个传感器同时触发，就意味着叶子内部可能有昆虫在活动。

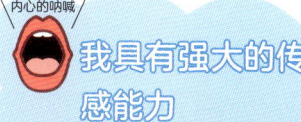

行走棕榈树会朝着有光亮的方向移动

活跃度

70

这是能帮助我在生存竞争中取得最后胜利的能力。
在残酷的热带雨林里生长。

无数延伸的触角向光而行

大多数植物都是扎根在地里生长的，基本上不会离开地面而主动移动。然而，在厄瓜多尔，有一种植物被称为“行走棕榈树”，和它的名字一样，它是一种会朝着有光亮的地方移动的植物。行走棕榈树在地下长出类似章鱼触腕的支柱根，并通过这些支柱根来支撑自己的身体。它们的茎干会朝有光亮的方向倾斜生长，当植株重心向一侧倾斜时，又会长出新的支柱根，以支撑植株并保持重心的平衡。相反，不再需要支撑的地方的支柱根会逐渐消失。通过这种方式，行走棕榈树能够朝着有光亮的方向慢慢移动。

尽管如此，这种移动的距离非常短，每年大约只有 10 厘米，不会给人走来走去的感觉。“这种植物悄悄地向光亮靠近”，这个说法可能更为贴切。

名称	行走棕榈树（棕榈科）
大小	高为 15 ~ 20 米
同类	椰子树、枣椰树等
生长地	中美洲、南美洲

我的名字和哲学家有关

我的学名叫苏格拉底（*Socratea*），听起来很酷炫，它源自著名的古希腊哲学家苏格拉底。苏格拉底边走边思考各种问题的样子，与行走的我有些相似，我因而得此命名。真是非常适合我的名字呢！

葛藤可以自主调节叶子的状态

叶子尽情展开，进行光合作用。

叶子立起来，避开日光直射。

叶子下垂，进入完全休眠的状态。

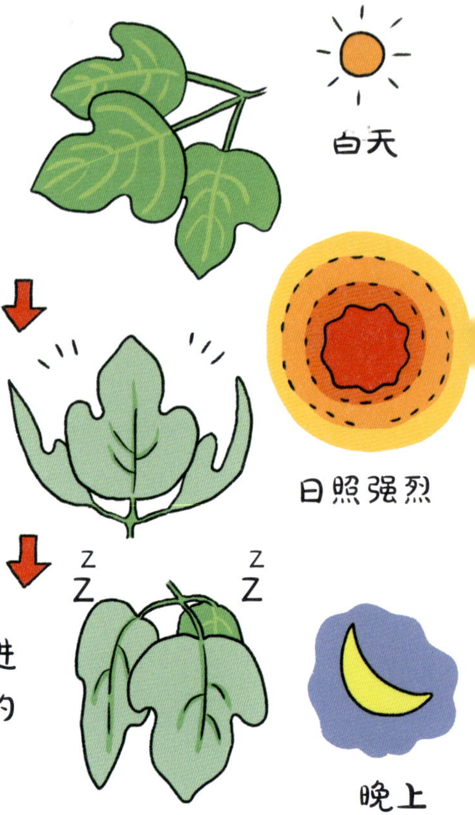

我是日本秋天最具代表性的七种花草之一。

智慧度

85

可以自由调整叶子方向的智慧植物

“葛藤”这个特别的名字，在日语里有着“不中用”的负面意义，但实际上，它是一种非常聪明的植物。

植物通过光合作用而获取养分，但是如果照射在叶子上的阳光过于强烈，植物吸收

名称	葛藤（豆科）
大小	枝条最长约 10 米
同类	野豌豆、台湾相思等
生长地	中国；日本的北海道和九州地区；北美洲的温带和暖温带地区

内心的呐喊

我和人类的关系本来挺好

我自古以来就被用作食物和药材。尤其是以我的根作为原料制作的葛根粉非常有名。不过最近我与人类的关系并不太好。特别是在北美地区，我被当作最糟糕的杂草对待，这真是令人遗憾……

的光能超过光合作用所能利用的量时，反而会对植物造成伤害。因此，葛藤白天会调整叶子的角度，使阳光照射不会过于强烈。此外，为了防止夜间水分流失，夜晚时葛藤会让叶子垂下来，进入深度休眠状态。葛藤通过自主调整叶子，高效地进行光合作用，拥有极强的生存能力和繁殖力，真是一个了不起的家伙。

不过，由于过量繁殖对自然环境造成了很大影响，葛藤被列入了“世界 100 种恶性外来入侵物种”名单。

含羞草为了保护自己而『道歉』

夜晚也会低下头进入睡眠模式。
请谨慎食用！
实际上还带有毒性哦！
『嘭』的一声低下头！

为了保护自己免受外敌的侵害而拼命地“低头”

认错度 **90**

在人类的世界中，“低头致歉”是一件重要的事情，大家都会在惹人生气时说“对不起”来表达歉意。在植物的世界中，也存在着通过“低头”来回避危险的植物，如含羞草。

名称	含羞草（豆科）
大小	高 20 ~ 100 厘米
同类	葛藤、绒球花等
生长地	中美洲、南美洲、日本

内心的呐喊

请各位也观赏下我的花吧

大家一提到我，总是关注我“低头认错”的样子，但其实我还会绽放娇嫩的粉色花朵……

看起来像蓬松的球，很可爱，对吧？

含羞草的叶子会在被触摸时迅速合拢和收缩。它因为这种像低头一样的动作而被赋予这个名字。为什么含羞草会有这种行为呢？据说是为了防御像鸟儿一样的外敌。通过合拢叶子，植物会变得不那么吸引人，可以避免被吃掉。这个动作还有助于保护植物免受雨水和强烈阳光的侵害。这种看似在“道歉”的行为其实是为了自我保护。

含羞草这种“低头”闭合叶子的机制与叶子的基部器官——叶枕密切相关（叶枕是在叶片与叶柄连接处显著膨大的关节，其内有贮水细胞，有调节叶片方向的作用。——译者注）。

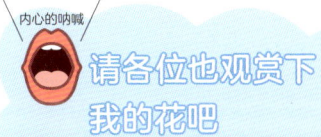

专栏：它们有什么不同

Q：草和树有什么不同？

A：茎的结构是关键。

实际上，草和树的区别在于“茎是否会变硬”。虽然它们都有负责输送养分和水分的维管束等结构，但维管束周围的韧皮部如果变硬，就会形成树木。

Q：“树林”“杂木林”和“森林”有什么区别？

A：没有明确的区别，主要根据种类和位置来区分。

- 树林：指在一定范围内种植的树木，也有人认为是人工种植的树木区域。
- 杂木林：平坦的地方，生长着各种植物的区域。
- 森林：茂密生长着多种植物的区域，通常是山林深处，地势较高的地方。

Q：落叶树和常绿树有什么不同？

A：看冬季能否充分吸收水分。

冬季寒冷，树木的活动会变得迟缓，它们吸水的能力也会减弱，但是水分又会从叶子中流失。因此，落叶树会在秋冬季节掉叶子，减少水分蒸发。常绿树则大多分布在温暖的地区。

冬季保持枝繁叶茂的树木，它们的叶子大多质地坚韧、表面光滑。

第3章 相当有趣的植物

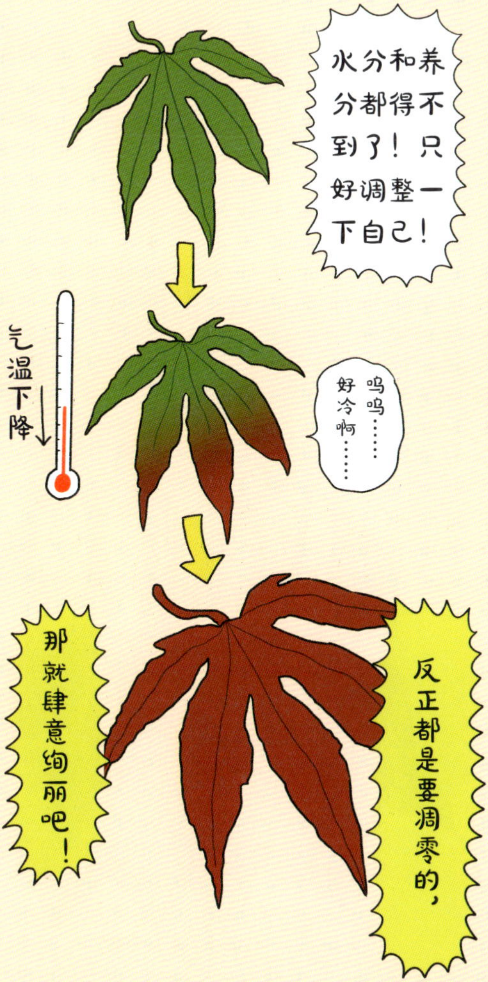

仙客来的根被猪当作美食

有趣度

80

英文名是“Sow bread”，意思是猪的面包。

猪的馒头

看起来很漂亮，但是带有毒性。
……
这不是我的本意。
备受欢迎的盆栽植物。

猪会刨食仙客来的根

仙客来是冬季的代表花卉，也是一种常见的花卉。它非常可爱、美丽动人，但它在日本却有“猪的馒头”这样一个相当奇特的名字。最初在英国，散养的猪会刨出并食用仙客来的根，因此仙客来被称为“猪的面包”（Sow Bread）。这个名称传到日本后，就变成了“猪的馒头”。虽然这个名字听起来让人觉得非常美味，当你饥饿的时候听到它可能会口水直流，但我们绝对不能将仙客来吃进嘴里，因为它有毒，切记不要食用。

名称	仙客来（报春花科）
大小	高 10～70 厘米
同类	紫金牛、黄连花等
生长地	日本、地中海沿岸地区

内心的呐喊

请别叫我“猪的馒头”

实际上我还有个像火燃烧一样美好的别名，叫作“篝火花”。

鲜艳的外表和名字非常相符吧？

与狗有关 阿拉伯婆婆纳的名字

我的花语代表着神圣、值得信赖、纯洁等高尚的品质。

羞耻度
92

果实的形状有点奇怪

在春天即将来临的时候，你是否曾经在道路边、草丛中看到过小小的蓝色花朵呢？这种花叫阿拉伯婆婆纳，它在日本被称为“狗的阴囊”，也就是“狗的睾丸”。

为什么会给阿拉伯婆婆纳取一个这样的

名称	阿拉伯婆婆纳（车前科）
大小	高 10～20 厘米
同类	车前草、金鱼草等
生长地	欧洲、亚洲、美洲、大洋洲、非洲等地区

内心的呐喊

我也有帅气的别名

我还有一些帅气的别名，比如“星之瞳”和“琉璃唐草”，我希望大家能够记住这些名字。

可爱的外表和名字非常相符吧？

名字呢？原因在于它果实的形状。它的果实呈现为两个圆形的突起，在古时候被人们认为类似于“狗的睾丸”，就被叫作这个名字。虽然这么称呼不无道理，但是在现代的话，可能会被取名为“心形果实”，这个名字更可爱一点呢。

此外，阿拉伯婆婆纳还有一些其他品种。其中一个品种的花瓣是紫色的，花朵较小。

粗毛牛膝菊是在垃圾场被发现的

契合度

85

发现植物的场所对命名很重要

在植物界中，许多植物的名字与它们的外观或独有的特点直接相关，也有一些植物是因为被发现的场所而得名，形成了一些少见的案例。

这其中之一就有粗毛牛膝菊。它最早是

名称	粗毛牛膝菊（菊科）
大小	高 10～60 厘米
同类	蒲公英、加拿大一枝黄花等
生长地	美洲、非洲、亚洲、欧洲地区

内心的呐喊

我可不只生长在垃圾堆积处

虽然我的日语名字叫作“扫溜菊”，但实际上在日本各地的庭院和草丛中都能看见我的身影。

独特的花瓣，这可是我的魅力点！

从春季至初冬这段时间，它会开出可爱的花朵。

在一个垃圾堆积处被发现的。因此，它在日本被称为“在垃圾堆积处开放的菊花”，得名为“扫溜菊”。这个名字似乎没有创意，但是会让人不禁感叹“真是名副其实呢”。

如果是在其他地方发现，也许它会有一个更美丽的名字。粗毛牛膝菊的花语是“坚韧不屈的精神”，象征着即使在恶劣的环境下也能保持强大的力量。

蛇莓的名字吓人，实际上相当老实

虽然被称为蛇莓……
无毒！无味！

名字听起来很可怕，实际上相当老实

老实度 82

草莓是冬季的代表水果之一。有一种草莓的远亲，也就是叫蛇莓的野草，它的名字听上去有点吓人。

关于蛇莓名字的由来，有各种各样的说法，比如“蛇吃它”或者“蛇会瞄准前来吃果实的小动物”，还有“蛇很可能藏在它生长

名称	蛇莓（蔷薇科）
大小	高约 10 厘米；果实直径为 1～1.5 厘米
同类	樱花、苹果等
生长地	亚洲东南部地区

内心的呐喊

我在外表上可不会认输

尽管我一点也不好吃，但外表还是相当不错的，而且繁殖能力很强，也不太需要特别照顾，所以非常适合作为观赏植物。你们还可以把我当作绿植来覆盖裸露的土地、抑制阳光的反射，我作为地面覆盖植物也相当受欢迎哦！

的地方”等，但准确原因尚不明确。

蛇莓的果实呈鲜红色，只有指尖大小，外观看起来与野生草莓或覆盆子相似。因为看起来相当美味，蛇吃它似乎也是可以理解的，但实际上蛇并不吃它。此外，很多人想当然地认为这种果实是有毒的，甚至称其为“有毒草莓”。但人类食用它没有特别的危害，只是据说其味道和香气都相当淡，不太好吃。

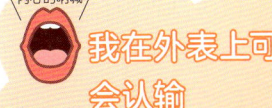

珠芽景天不通过种子也能繁殖

不是通过种子，而是通过克隆体（珠芽）来增加种群数量。

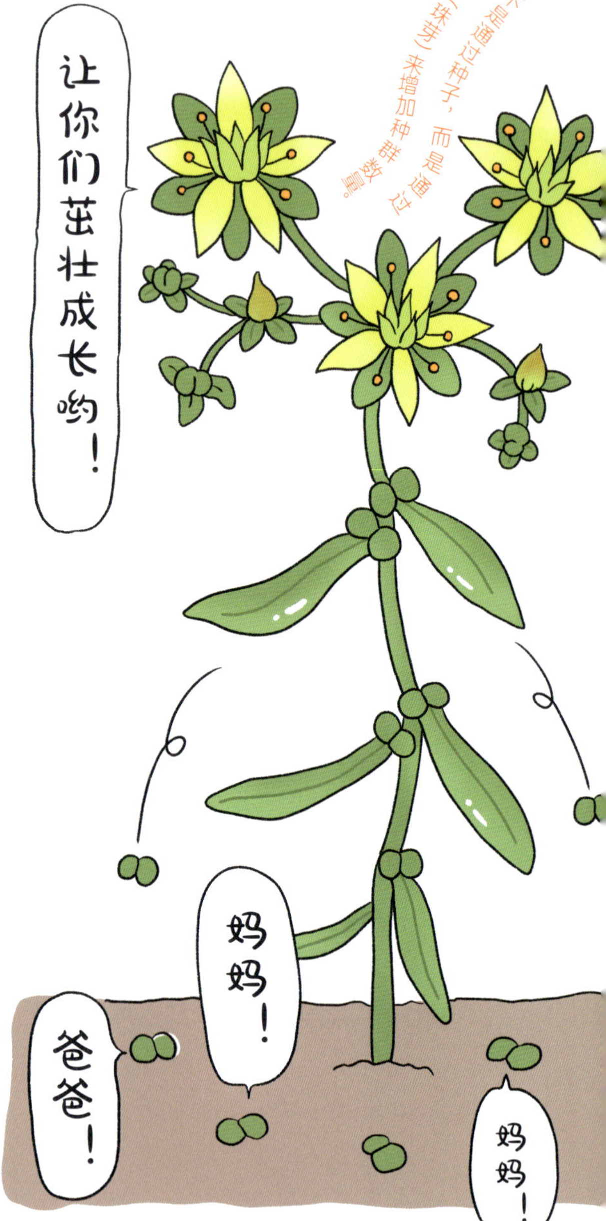
让你们茁壮成长哟！
妈妈！
爸爸！
妈妈！

多子度
92

加油吧！

名字准确反映了特性

要用简洁准确的一句话或一个词来形容某个事物或人的特征，确实不是一件容易的事。在这方面，植物学家拥有出色的命名能力。珠芽景天就是一种名字取得很有水平的植物。

珠芽景天几乎不产生种子，但是在茎和叶子的根部会产生被称为“珠芽”的“分身”。这些“分身”看起来就像叶子的宝宝，所以它也被取名为“子持”（意思是带着小孩）。

珠芽景天又被称为“万年草”，这个名字透露出这种植物有着强大的生命力。它是一种对干旱适应能力极强的多肉植物，即使在完全干燥的条件下也能存活，而且能持续产生珠芽，因此被命名为“万年草”。

正所谓表里如一，名如其人，珠芽景天的名字反映了它的特点。这个名字读起来也很好听，确实是个美妙的名字。

内心的呐喊

请多多关注我的花呀

大家总是关注我的名字，其实我会开黄色的花朵，这些迷人的小花也是我的骄傲哦！

黄色花朵像闪闪发光的星星一样，看起来可爱动人。

名称	珠芽景天（景天科）
大小	高 7~20 厘米
同类	费菜、子持莲华等
生长地	日本东北地方的南部以南地区

番茄到底是蔬菜还是水果

是蔬菜！
其实是茄子的同类，也被称为西红柿、番柿等。

番茄是蔬菜还是水果的问题曾引发一场大争论

激烈辩论度
85

番茄是蔬菜还是水果？大家如何回答这个问题呢？曾经在美国，人们围绕番茄是蔬菜还是水果这个问题展开了一场大争论。当时，番茄的进口商和美国农业部之间进行了激烈的争论，甚至闹上了法庭。

名称	番茄（茄科）
大小	果实直径为 3～9 厘米
同类	辣椒、马铃薯等
生长地	全世界广泛栽培，原产地在南美洲

内心的呐喊

请多吃番茄呀

在日本，番茄的消耗太少了。在土耳其和埃及，番茄人均年消费量超过 90 千克，而日本的番茄人均年消费量仅为 10 千克。这相当于每人一天只吃两个小番茄。番茄富含营养，味道鲜美，请多多食用吧！

经过约一年的审判，最终判决认定番茄是蔬菜。判决的理由是：“番茄是在菜地里种植的，可以用于汤和酱料等料理，但不适合用于甜点。”因而，番茄被归类为蔬菜。

事实上，“蔬菜”和“水果”这两个分类在植物学上并没有明确的界定。人们只是根据自己的需要区分，不同国家也有不同的标准。比如，人们通常认为，结在树上的是水果，而生长在地上的是蔬菜，但这些标准也存在不确定性，有些地区甚至将甜瓜和西瓜视为蔬菜。

萝卜曾被用来表示赞美之意

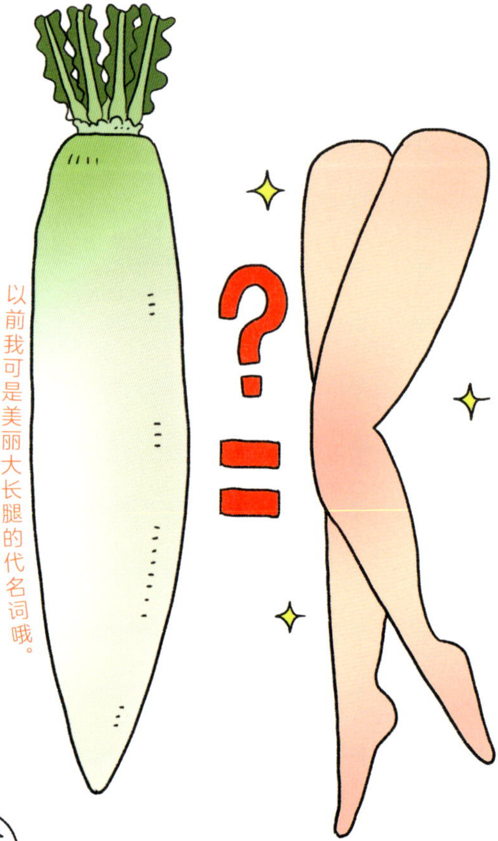
以前我可是美丽大长腿的代名词哦。

公主殿下真是拥有一双美丽的『萝卜腿』。
咯咯！

修长度

88

萝卜看起来又白又细，为什么被用来形容腿“又粗又难看”呢

在日本江户时代，人们常用白萝卜来比喻女性腿粗。在现代的日本，如果对女性说这样的话，可能会被指责。然而，“萝卜腿”这个词原本是用来称赞女性的腿，跟现在表示的意思完全相反。

古代日本的萝卜没有现在粗大，更加细长，更有线条感。“萝卜腿”其实最早是指“白皙纤细的长腿”。在日本史书《古事记》中，就有“白皙细腕如同萝卜”的歌词。当时的萝卜或许比人的腿更为细长，只是后来经过品种改良后，萝卜的个头逐渐变得粗大，到了江户时代，“萝卜腿”这个词就有了贬义。

内心的呐喊

日本萝卜拥有多个世界第一称号

日本的萝卜品种超过100种，其中有不少是世界第一纪录的保持者。比如，世界上最大的樱岛萝卜，可达30千克以上；还有世界上最长的守口萝卜，可以达到2米以上。

名称	萝卜（十字花科）
大小	根长30～70厘米
同类	卷心菜、西兰花等
生长地	中国、日本、欧洲等地区广泛种植，原产地是地中海沿岸

龙脑香的果实可以远距离『飞行』

因为像柿子一样的果实上有『羽毛』，所以日本名字是『有两片羽毛的果实』。

创意度
82

生存本能赋予植物在空中飞翔的“翅膀”

对于无法自主移动的植物来说，将自己的“孩子”——种子，运送到比自己更远的地方，以扩大群体范围，是一种不让种群灭绝的重要策略。

在亚洲热带雨林中生长的龙脑香是一种高达 50 米（几乎相当于 15 层楼高）的大型树木，它们利用其独特的高度优势，创造出了令人惊讶的种子传播技巧。这种技巧就是，它们的种子上附着 2～5 片羽翼，使得种子在落下时像螺旋桨一样旋转并可以远距离飞行。

通常种子只会笔直地落在树下，但得益于“翅膀”，种子的下落速度减缓，甚至能够借助风力在空中飞行，到达那些无法通过直接落地抵达的地方。这是在茂密的丛林环境中长大的高大树木所独有的智慧。也可以说，这是龙脑香为了生存下去而采取的策略。

内心的呐喊

我很有人气哦

我作为干花也颇具人气，主要被用来作为家里的室内装饰或者花环的材料。

名称	龙脑香（龙脑香科）
大小	高 30～60 米；种子的羽翼长 8～10 厘米
同类	娑罗树、苏门答腊娑罗树等
生长地	热带地区

卷心菜雇了保镖保护自己

蜜蜂快救救我！
我已经到啦，放心吧！
敌人的敌人就是朋友！在合作中一起生存下去。

防御度
90

为了生存，就算要利用“毒素”和天敌也无所谓

虽然卷心菜是人们可以日常食用的，但为了保护自己，它们会利用毒素和其他生物，建立铜墙铁壁般的防护。

卷心菜首要的防御策略是利用存在于叶子中的芥子油。尽管对人类无害，但其与芥

名称	卷心菜（十字花科）
大小	直径3～20厘米
同类	萝卜、白菜等
生长地	全世界都有栽培，原产地是地中海沿岸

内心的呐喊

我有助于胃肠蠕动

我们卷心菜中含有一种罕见的成分“维生素U”，它可以帮助胃肠正常工作。生吃的时候能够稳定地支持胃的功能。大家都喜欢在炸猪排等油炸食品旁边放上切好的卷心菜丝，实际上也是为了促进胃肠功能。

末的刺激成分相似，这对昆虫来说是危险的毒素。这种“毒素”几乎可以击退大部分害虫。

然而，对于菜粉蝶的幼虫（菜青虫）来说则另当别论。它们不仅不讨厌芥子油，还会通过芥子油的气味找到卷心菜并产卵。

卷心菜的第二个策略是利用菜青虫的天敌来进行防护。当菜青虫吃掉它们的叶子时，它们会通过气味发出求救信号，被吸引过来的寄生蜂就会在菜青虫的身体上产卵，这样菜青虫就变成了寄生蜂幼虫的食物。这种情景有点吓人，不是吗？

嘴唇花长得像嘴唇的部分不是花

也被叫作“烈焰红唇”或者“恶魔之耳”。

怦然心动

迷人度

95

蝴蝶和蜂鸟都为之倾倒

许多植物拥有奇异的外观，这常让人们不禁疑惑地想："它们为什么会变成这样呢？"有一种植物凭借奇怪的外貌脱颖而出，它就是生长在中南美洲丛林的一种名为嘴唇花的植物。

它的外观就像涂了鲜艳口红的嘴唇一样迷人，当地人称之为"丛林之吻"。尽管外表如此，但它并不是为了俘获人类男性的心。在茂密的丛林中，它以鲜艳的颜色和形状吸引蜂鸟和蝴蝶，从而帮助它传播花粉。

虽然嘴唇花外观与嘴唇相似，但实际上我们看到的并不是花，而是为了保护花蕾的被称为"苞"的外部结构。花蕾会从中间的缝隙中伸出，人们只能在开花的极短时间内看到这样的"唇"。

内心的呐喊

我还可以止痛哦

我看起来是不是光彩夺目呢？有人怀疑我"会不会有毒"，那完全是胡说八道！我被广泛用作止痛药，对美洲原住民来说也非常有用。

名称	嘴唇花（茜草科）
大小	花苞直径约3厘米
同类	栀子、鸡屎藤等
生长地	中南美洲的热带雨林地区

狐尾松的树龄比金字塔存在的时间还长

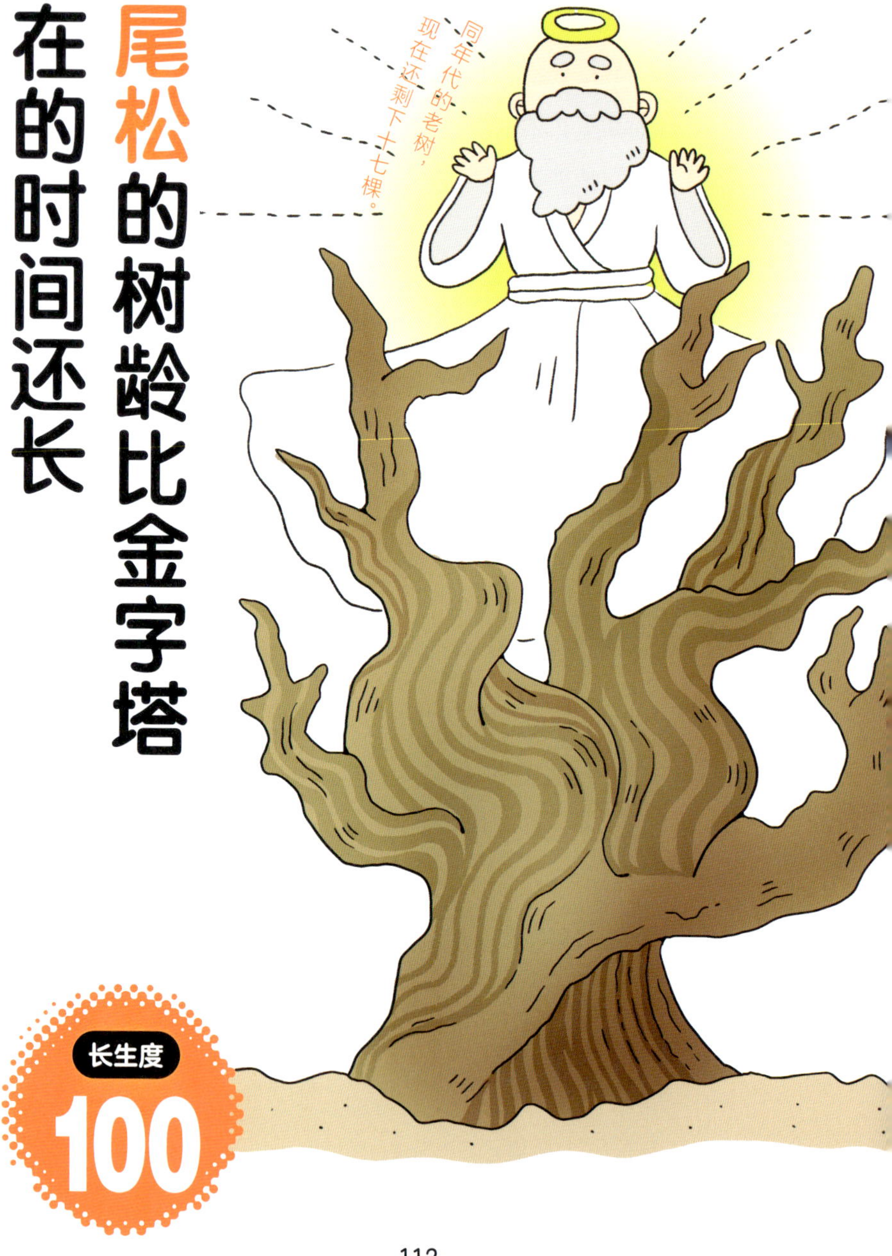
同年代的老树，
现在还剩下十七棵。
长生度
100

静静地凝视着悠久时光的地球“长老”

中国人的平均寿命大约为 78 岁。尽管在世界范围内算长寿，但与能活上百年的鲸鱼和海龟相比仍然不够长。然而，植物世界又展现出完全不同的维度，有些植物超过一千年仍持续生长，成为超级长寿者。

其中之一就是美国怀特山脉上名为狐尾松的古老树木，它被誉为“地球上最古老的生命体”，其树龄竟然达到了 4700 年！它在人类努力建造金字塔的时代诞生，比埃及金字塔的建造时间还要早。从那以后，它就在海拔超过 4300 米的严酷环境中坚强地生存下来了。

在狐尾松中，有一株被认为是最年长的，它被命名为“玛土撒拉”。

内心的呐喊

我居住的地方是个秘密

我最近可能是年纪大了的缘故，到处都有点疼痛。为了不让自己受到伤害，对详细的居住位置保密哦。

在严酷的环境下，树木变得又粗又扭曲。

名称	狐尾松（松科）
大小	高达 1 米以上
同类	冷杉、落叶松等
生长地	美国怀特山脉

北美红杉有三十层楼那么高

高挑度
92

多亏了超厚的树皮，就算遇到山火也无所谓。

穿越天际的巨大树木

冒昧地问一下，你能想象出 100 米的高度有多高吗？它相当于 30 层楼的高度或者 4 节高速列车车厢的长度。这个尺寸可能有些难以想象，但实际上，世界上最高的树木比 100 米还高。

世界上最高的北美红杉位于美国加利福尼亚州的红木国家及州立公园内，高耸入云，高度达 115.92 米。它被命名为“亥伯龙神”，以纪念希腊神话中的太阳神。在同一公园内，还生存着高 114.38 米的北美红杉“赫利俄斯”和高 113.14 米的北美红杉“伊卡洛斯”，它们占据着世界巨树的前列。除此之外，这个公园内还有许多高度为 100 米左右的红杉，它们作为原始森林的一部分得到了保护。

内心的呐喊

我还在不断成长中

虽然我的个子很高，但我还只有 600~800 岁。如果用人类的年龄来类比，我才刚刚迈入 20 岁，还远远不够成熟呢！从现在起，我会继续更加努力地茁壮成长，成为名副其实的大树，不辜负“亥伯龙神”这个伟大的名字！

名称	北美红杉（杉科）
大小	高约 115 米
同类	柳杉、杜松等
生长地	北美洲

卡罗莱纳死神辣椒的辣度到了危险的地步

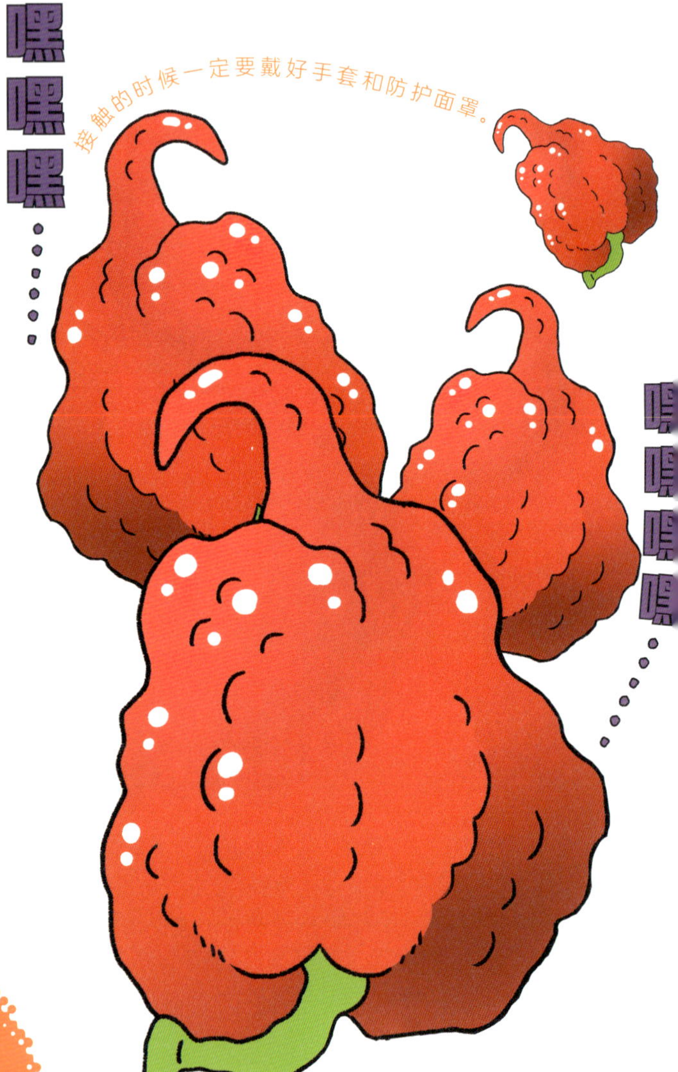
嘿嘿嘿……
接触的时候一定要戴好手套和防护面罩。

辛辣度

97

辣到危险级别了

用于衡量食物辛辣度的单位称为“斯科维尔”。斯科维尔指数能较准确地表示辣椒中的辣味成分即辣椒素的比例，指数越大，辣度越高。在辣椒属植物中，以完全没有辣味的西班牙甜椒（零斯科维尔单位）作为基准。

目前，被认定为世界最辣的辣椒品种是卡罗莱纳死神辣椒，其辣度高达 160 万斯科维尔！日本代表性的辣椒品种“鹰爪”的辣度为 4 万至 5 万斯科维尔，而被称为“极辣食品”的哈瓦那辣椒的辣度也只有 30 万斯科维尔，所以卡罗莱纳死神辣椒的辣度已经难以理解了。

这种可能威胁生命的超危险辣椒，它底端的小尾巴看起来像“死神大镰刀”，有传言说它的名字由来可能是受此影响。

内心的呐喊

我的地位岌岌可危

你们被我的辣度吓到了吗？但是现在好像出现了一个比我更强的年轻小伙子，它叫作“辣椒 X”。听说它的辣度比我还高，竟然达到了 232 万斯科维尔。我世界第一的地位，变得有点悬了吧？

名称	卡罗莱纳死神辣椒（茄科）
大小	果实直径约 5 厘米
同类	青椒、红椒等
生长地	美国南卡罗莱纳州

象豆比小孩拳头还大

豆子的形象被颠覆，成为压倒性的存在

一般来说，一提到豆子，我们会想到小小的黄豆或者红豆等，它们的直径大约为 1 厘米。在“豆知识”这样的词语中，“豆”是用来表示微小的东西。然而，现实中还存在着一种让人完全颠覆对豆子印象的东西。

名称	象豆（豆科）
大小	种子直径约5厘米
同类	紫云英、葛等
生长地	非洲至亚洲的热带和亚热带地区

内心的呐喊

从古至今都备受喜爱

我们是岛上长大的，从古时候开始就被看作是从海洋漂流而来的稀有宝物。我曾被大人物用作印笼（放印章的容器）以及烟草盒的装饰品。最近，我被起了个可爱的名字，叫“幸运豆”，作为幸运护符和纪念品，我变得非常受欢迎。

那就是被称为世界最大豆类的象豆。一颗象豆的直径约为5厘米，也有一些超过了7厘米，比小孩的拳头还要大。当然，它的豆荚也非常大，长度超过了1米。

想象一下，将平时吃的毛豆放大约20倍，大概就是象豆的大小。这样的象豆，你可以在日本看到实物。

象征幸运的四叶草有着不幸的成长经历

可爱度

80

能够给发现者带来好运

大家是否找到过四叶草呢？当人们尝试去找的时候可能不容易发现它们，因此传闻能找到的人会得到好运。

通常为 3 片叶子的四叶草为何会变成 4 片叶子呢？这个原因至今还不太清楚。一种有力

名称	四叶草（豆科）
大小	高 10～20 厘米
同类	红车轴草、象豆等
生长地	日本、欧洲、西亚、北美洲

内心的呐喊

没想到就在你们附近

我虽然不容易被找到，但其实有一些容易找到我的地方，即河滩和草地等有很多人和动物经过的地方。比起那些车轴草丛生的地方，我隐藏在这些地方的可能性更大，也更容易被找到。

叶草不是由遗传或突变而形成的。

的说法是，当叶子还处于叶基状态（即还没有完全展开的时候），被人或动物踩踏或被物体撞击而受伤时，这些伤口可能会导致原本应该分裂成 3 片的叶子分裂成 4 片。也就是说，分裂成 4 片叶子并不是最高的变异形态，还有可能变异为 5 片叶子、6 片叶子等形态。

2024 年前，被认定为世界上叶子最多的三叶草有 56 片叶子，这已经获得了吉尼斯世界纪录认证。到了这个程度，它可能更像令人毛骨悚然的东西，而不是好运的象征了。

乌头可以轻松毒倒棕熊

冷知识度

89

如果不小心吃下去就会死亡

自然界中，乌头算毒性极强的植物之一。其毒性的强烈度在植物中名列前茅，甚至可以与著名的毒物氰化氢相提并论。如果人不小心食用了乌头，将会出现剧烈的呕吐、呼吸困难、器官功能衰竭等症状，食用后仅数十秒便会死亡……此外，乌头的花粉和花蜜也有毒性，曾经发生过有人食用天然蜂蜜而中毒的事件，就是因为蜂蜜中掺有乌头花蜜。

尽管乌头如此可怕，但是日本北海道的土著民族阿伊努族曾经利用其强大的毒性进行狩猎。连体长达 2 米的北海道最强食肉动物——北海道棕熊，人们也能够利用乌头的毒性轻松将其击倒。值得一提的是，乌头在经过加热后会失去毒性，因此食用被乌头毒倒的棕熊烤肉并不会有问题。

内心的呐喊

美丽的花朵也可能有毒

我的毒是不是让你觉得很可怕呢？很久以前，在大海的那一边，有人把我称为“死亡女神赫卡忒的花”或者“地狱守门犬的口水里长出的花”。给美丽的我取这样的名字，真是太失礼了。

名称	乌头（毛茛科）
大小	茎长 5～200 厘米
同类	阿尔泰银莲花、耧斗菜等
生长地	北半球

绣球和蜗牛的关系不好

绣球花的毒性对人类也有危害哦。

亲密伙伴的形象难道是人类自以为是的妄想吗

拘谨度

82

在四季分明的日本，每个季节都可以欣赏到各种不同的花。绣球花是在梅雨季节盛开的花之一。在雨水的滋润下，蓝色和紫色的花朵为潮湿和昏暗的梅雨天气带来了一丝明亮。

名称	绣球（虎耳草科）
大小	高1~2米
同类	落新妇、钻地风等
生长地	中国、日本、欧洲、美国等地区都有栽培

内心的呐喊

我会根据土壤来变换颜色哦

我们的花朵颜色是由土壤中的成分决定。在酸性土壤中会呈现蓝色或紫色，而在中性或碱性土壤中会变成粉红色。

让花朵按照我们的意愿开出理想的颜色，其实并不容易。

谈到总是紧挨着绣球的伴侣，那就是蜗牛。它们都是梅雨季节的象征形象，常常一同出现在绘画和照片中。然而，实际上这两者的关系并不好。

杂食性蜗牛可以吃从叶子到混凝土的很多东西，但绣球有毒，蜗牛无法吃下它。也就是说，蜗牛并没有特意爬上绣球的理由，实际上它们很少在上面爬。

红枫的叶子因受到干扰而变色

善始善终度

85

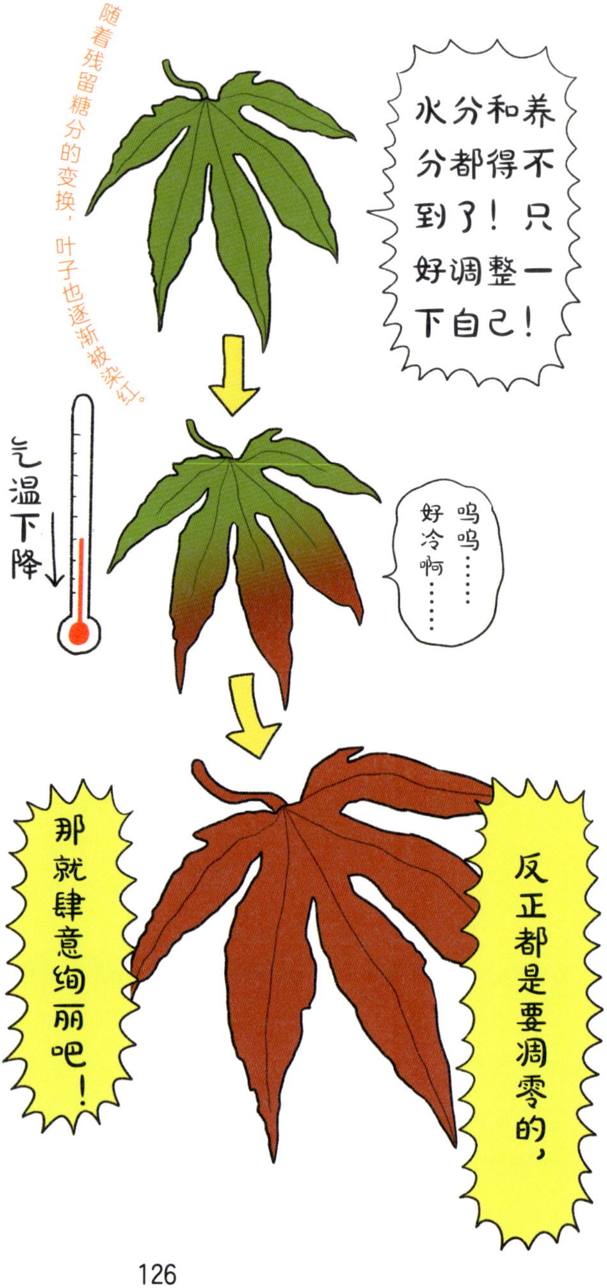

叶子变红是植物为了度过严寒冬季的明智之举

每年深秋，日本各地的红枫和黄枫都达到最佳观赏时期。树叶变成了如燃烧的火焰一般的红色和闪耀的金色，这样的盛大景象，甚至不亚于樱花盛开时的美景。

尽管红叶和黄叶如此美丽，但实际上它们是不再被树木需要的叶子，这种现象令人感到有些悲伤。叶子含有叶绿素，它会呈现为绿色，在阳光的照射下通过光合作用将养分输送到树木中。然而，秋天的日照时间缩短，那些不再需要进行光合作用的叶子就成为累赘。树木要把积蓄的水分和养分逆运输到叶子，但叶子的供应通道被堵塞，导致叶绿素被破坏，绿色色素逐渐消失，原本隐藏在叶子内的黄色色素以及新生成的红色色素显现出来，从而出现了红叶和黄叶的景象。

内心的呐喊

“红叶”不是一种植物的名字

在日语中，很多人会混淆“枫”和“红叶”。但它们并不是同一种植物。有些槭树树叶在日本被称为“红叶”。枫的叶片多为3裂，槭树叶片多为5裂或7裂。如果遇到类似的树，可以观察叶子的形状来分辨。

名称	红枫（槭树科）
大小	高2~10米
同类	鸡爪槭、三角槭等
生长地	亚洲、欧洲、北美洲

西瓜表皮的纹路是一种时尚

种子集中在条纹图案的黑色部分。

靓丽度
82

极端恶劣的环境驱使西瓜发生变化

许多植物的果实被动物食用后，种子会随着粪便一同排泄，这就扩大了它们的生存领域，增加了它们的种群数量。很多水果呈红色或橙色，这样即使相隔很远，它们也容易被动物注意到，将其作为食物。也许让人有点意外，其实西瓜上

名称	西瓜（葫芦科）
大小	果实直径为 10～40 厘米
同类	蜜瓜、丝瓜等
生长地	原产地是非洲

内心的呐喊

我是天然的运动饮料

你们知道吗？我们的含水量高达惊人的 90%。此外，我还富含各种维生素、矿物质、糖分和氨基酸，非常适合用于防止中暑。我不仅有利于缓解疲劳，还有助于预防夏日倦怠症。这就是我被称为“天然的运动饮料”的原因。

正因为我长得美，你可要注意到我哦！

的条纹图案也有同样的作用。西瓜整个外皮呈现出条纹图案，使动物更容易察觉到它的存在，这就是属于它的“时尚”风格。

西瓜原产于沙漠地区，那儿没有很多能够帮助它传播种子的动物。于是，它们改变了策略，为了让在天空飞翔的鸟儿也能容易看到自己，将绿色表皮转变为现在人们熟悉的条纹图案表皮。

（柊、鰯分别为冬青和沙丁鱼头。日本古代有在家门口插"柊鰯"辟邪的习俗。——译者注）

冬青据说有辟邪作用

鰯

柊

两大"辟邪"之物

在日本的别名是『扎鬼眼』。

圣诞花环

正义度

88

刺尖锐坚硬，被认为可以驱赶鬼怪和避开灾祸

冬青的叶子呈浓郁的绿色，质地坚硬，叶缘有 2~5 对锐利的刺。人一旦触碰这些刺，会有刺痛感，冬青因此得名“刺桂”。

冬青叶子上的刺是其防御的手段，可以阻止动物食用它。在古时的日本，人们认为这些刺可以驱赶鬼怪、消除灾难和疾病，特别是在季节变换之际。因此，在立春时节，人们会在门前装饰柊树枝条和沙丁鱼头。

与冬青相似的植物有拥有类似刺的欧洲冬青，其叶子上的刺和红色的果实常被用作圣诞节装饰。

内心的呐喊

电影之城竟然是“冬青的森林”

你知道好莱坞（Hollywood）吗？它的中文意思是“冬青的森林”。但实际上，这个名字与我们冬青无关，它与无花果有关。原来，这片土地实际上没有冬青树，而有无花果树。这个名字是当地房产中介在这片土地出售时想出来的。

名称	冬青（冬青科）
大小	高 5~6 米
同类	枸骨、秤星树等
生长地	中国、日本等地

竹子是靠根连接起来的巨大生命体

动物界的人气王，是熊猫的主食。

家族庞大度

85

竹子有令人惊讶的未知一面

竹子是人们非常熟悉的植物。自古以来，竹子一直被广泛用于制作家庭用品，也被用来建造房屋等。用竹子制作的物品在全球也非常受欢迎。

然而，尽管人们在生活中对竹子如此熟悉，但对其独特的繁殖方式了解甚少。通常植物会通过种子一个个地单独生长和繁殖，但竹子是一个整体，一根竹子周围长出的所有竹子，可能都通过一个根（地下茎）连接在一起，从而形成一个生命体。竹子一般通过从根部长出新的笋芽进行繁殖，当然也可以通过种子进行繁殖，但这种情况非常少见。

另外，竹子会开花，当竹林中有花开放时，整个竹林的花都会跟着一起绽放，但花开放的周期是 100～120 年一次。而且，花开放后整个竹林会枯死，这一现象是罕见的。

内心的呐喊

竹林对地震没有抵抗力

有谚语说“竹子的地基很坚固”“地震时躲进竹林”，但实际上这都是笑话！我们竹子的根部通常生长在浅地层，所以在地震或地面塌陷时，竹子相对脆弱，特别是倾斜的竹林，更加危险，请各位绝对不要进入。

名称	竹子（禾本科）
大小	高 10～20 米
同类	芒草、狗尾草等
生长地	亚洲的温带和热带地区

玫瑰的刺是它快乐活下去的理由

带刺度

90

才貌双全的花之女王

提到玫瑰花，人们通常会想到它们美丽的颜色和形状，以及令人陶醉的浓郁香味。然而，玫瑰不仅外观美丽，还因为茎上带有锐利尖刺而闻名。

那么，这些刺到底有什么用呢？有一种说法是为了防止动物食用，但实际上它对大部分昆虫来说并没有作用。这些刺对于一些特定动物才有用，而昆虫则可以肆意地咬食茎干和花朵。还有一种说法认为刺可以帮助玫瑰倚靠在其他植物上。

玫瑰属植物是攀附性植物，虽然不像藤本植物那样会攀爬，但它们会倚靠在其他植物上生长。这时，刺会像钩子一样钩住其他植物，帮助支撑。如果仔细观察玫瑰的刺，你会发现它们大多数是朝向茎干，或者稍微朝下。借助这些刺，玫瑰可以轻松地依附在其他植物上，从而更加稳固地直立着。

内心的呐喊

不同支数的玫瑰含义也不同

送给别人一束玫瑰花，是一件非常美妙的事情。但是，花束中的玫瑰支数有不同的含义。1支代表“自恋”，3支代表“爱的告白”，5支代表“遇见你很高兴”，而12支则代表“嫁给我吧”。在送花之前，不妨查一查不同支数玫瑰的含义，会很有趣的。

名称	玫瑰（蔷薇科）
大小	高30～130厘米
同类	梨、草莓等
生长地	北半球的温带地区

西番莲「哄骗」蝴蝶保护自己

万无一失的防护措施

可以用叶子制作出具有高度镇定效果的草药茶哦。
西番莲也是我们的伙伴。
不行了！这毒性太强了！
哎呀，已经在里面产卵啦。

战略度

86

使用各种手段来保护自己免受敌人的攻击

许多植物通过各种手段来保护自己免受动物的威胁。在这些植物中，不少带有毒性成分。

其中一种是产自中南美洲热带地区的西番莲。它的叶子和茎部含有碱类化合物等毒性成分，可以防止植株被食草的昆虫摄食。

但对某些昆虫的幼虫，如毒蝶和兜蛾的幼虫，这些毒性成分则全然无效，它们能够在啃食西番莲的叶子时不受影响，甚至能将植物的毒素积累在体内，用以抵御鸟类等天敌的捕食。

另外，西番莲的一些同类也表现出了惊人的进化。它们的叶子和叶柄上形成了类似毒蝶卵的黄色突起，而毒蝶通常不会在相同的地方产下很多卵。这种进化策略可以帮助西番莲保护自己免受捕食者的袭击。

内心的呐喊

我和许多事物相像

在日本，人们认为我们看起来像时钟，而在西方，人们认为我们像钉子、皇冠等。

名称	西番莲（西番莲科）
大小	高 3～6 米；花的直径约为 10 厘米
同类	红花西番莲、球腺蔓等
生长地	全世界都有栽培，原产地是中南美洲的热带和亚热带地区

草莓上的小颗粒才是果实

维生素C含量比蜜柑高。适当食用对健康有益。

江户时代末期才被引进到日本。

意外度
82

每颗草莓都隐藏着令人震惊的真面目

草莓是蛋糕上不可或缺的水果。除了酸酸甜甜的味道之外，草莓还因其可爱的外观受到许多人的喜爱，其鲜艳的红色和表面的小颗粒都让人难以忘怀。

你是否曾好奇草莓表面的小颗粒到底是什么？实际上，这些小颗粒就是草莓的果实。果实中含有种子，如果将其种下并正确培育，就会长出芽，最终结出成熟的草莓。

那么，我们通常吃的草莓的红色部分是什么？其实，那是被称为“花托”的部分。尽管看起来像果实，但事实上不是真正的果实，因此也被称为“伪果”。

值得注意的是，在其他植物中，类似的情况也很常见。例如，无花果的食用部分实际是花，土豆的食用部分是茎而不是根。很多我们熟悉的水果和蔬菜的食用部分都来自令人意想不到的部分，这是很常见的现象。

内心的呐喊

我是蔬菜还是水果

在超市里，我们通常被放置在水果区域。大家是否也认为我们是水果呢？实际上，在很多地方我们被归类为蔬菜，很多人认为被称为“果实类蔬菜”。此外，西瓜和甜瓜也是果实类蔬菜。

名称	草莓（蔷薇科）
大小	果实直径为 3～6 厘米
同类	玫瑰、桃等
生长地	全世界都有栽培

天胡荽可以治疗伤口却被嫌弃

能将茎延伸到地下是它拥有强大繁殖力的原因之一。
将叶子揉碎后放在伤口上。
圆形叶子之间绽放出像手鞠球一样可爱的花朵。

有用度
91

（手鞠球是一种日本传统玩具，起源于我国唐代的蹴鞠。——译者注）

曾经是治疗伤口的草药，现在成了令人讨厌的杂草

从古代开始人类就利用草药来治疗疾病，比如中药。日本有一种叫作天胡荽的植物，也被称为“止血草”。正如它的名字一样，天胡荽被认为具有止血的功效，人们会揉碎它光滑圆润的叶子，然后将其敷在伤口上。尽管这种植物在过去可能治愈了无数人，但由于其强大的繁殖能力，如今它成了一种杂草，常常生长在庭院等地，成为人们清除的对象。

然而，也正是因为其强大的繁殖力，它被用作地被植物，用来覆盖土壤表面，防止土壤干燥。虽然是同一种植物，但因为处于不同的时代和地点，它可能既是良药也是杂草，这种多样性确实很有趣。

内心的呐喊

我们是水陆两栖的哟

我们可以在水中繁殖。我们的叶子随着水波摆动得很美丽，所以也经常被养热带鱼的人养在水族箱。

圆形叶子和蔓延的茎具有独特魅力。

名称	天胡荽（五加科）
大小	叶子直径为 1～1.5 厘米
同类	三裂树参、八角金盘等
生长地	中国、日本

水仙是自恋的

我们可是拥有很多品种哦。

自恋度

93

名字源于一位自恋美少年的传说

水仙通常意指自恋，也就是非常迷恋自己的人。他们总是对自己充满自信，经常在镜子前欣赏自己，然后说："我真是太棒了。"这个词的起源与水仙拉丁学名中的"*Narcissus*"一词有关。

名称	水仙（石蒜科）
大小	高 10～50 厘米
同类	石蒜、葱等
生长地	地中海沿岸地区、亚洲

因为在寒冷的时候开花，我也被称作『雪中花』。

我真是太美了……

内心的呐喊

日本名字也有特别的含义

我的名字意思是居住在水中的仙人。

人们都说我像仙人一样纯洁。

纳尔希索斯（Narcissus）是希腊神话中出现的美少年的名字。有一天他爱上了水面上映出的一个美丽少年的倒影。然而，那个倒影其实就是他自己。这种爱恋没有结果，他最终死去。据说在他死去的地方开出了水仙。

水仙的花语是“自恋”“自负”。这或许因为低头垂落的水仙像是凝视着水面的自己而绽放。

波斯菊的名字与宇宙有关

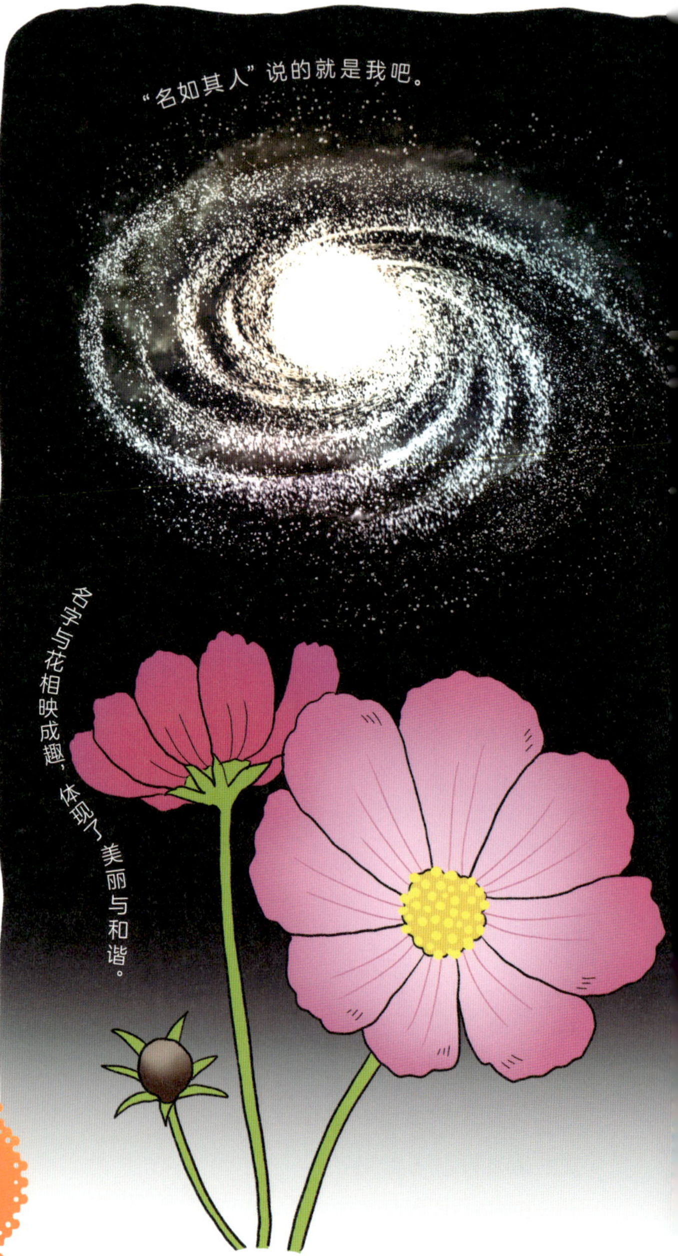
“名如其人”说的就是我吧。
名字与花相映成趣，体现了美丽与和谐。

浪漫度

88

蕴含在花名中的宏大意义

大家是否听过自己名字的来源呢？每个名字都包含了对事物或人的情感。秋天来临时，波斯菊会绽放红色和粉色花朵，在日本被称为“秋樱”。

波斯菊这个名字本身蕴含了美好的含义，它来源于希腊语“Kosmos”，意为“秩序”“和谐”“美丽”。它是因为波斯菊的花瓣整齐有序、美丽与和谐的排列而得来。当然，花语中也常常含有“和谐”的意味。“Kosmos”还有另一个意思，即“宇宙”。在宇宙中，星星也是有规律地排列、和谐存在。美丽的花朵竟然与广袤的宇宙之间存在着这样美妙的联系。

内心的呐喊

我成了经典歌曲曲名

1977年，日本歌手山口百惠演唱的《秋樱》成为当时的热门流行歌曲，被广为传唱。

感谢为我带来了名气的山口百惠。

名称	波斯菊（菊科）
大小	高1~3米
同类	蒲公英、豚草等
生长地	原产地是南美洲地区